Gloggengießer · Kröplin · Lhotzky

Mathematik in der Sekundarstufe I

Elemente der Algebra

programmiert

Mathematik in der Sekundarstufe I

Gloggengießer · Kröplin
Lhotzky

Elemente der Algebra

programmiert

CIP-Kurztitelaufnahme der Deutschen Bibliothek

Gloggengiesser, Helmut:
Mathematik in der Sekundarstufe I [eins]: programmiert/Gloggengiesser; Kröplin; Lhotzky. – Landsberg am Lech: mvg.

NE: Kröplin, Eckart; Lhotzky, Alexander:

→ Gloggengiesser, Helmut: Elemente der Algebra

Gloggengiesser, Helmut:
Elemente der Algebra: programmiert/Gloggengiesser; Kröplin; Lhotzky. – Landsberg am Lech: mvg, 1981.
(Mathematik in der Sekundarstufe I [eins]/Gloggengiesser; Kröplin; Lhotzky)
ISBN 3-478-03780-8

NE: Kröplin, Eckart; Lhotzky, Alexander:

© 1981 moderne verlags gmbh
Wolfgang Dummer & Co., 8910 Landsberg am Lech
Satz: R. & J. Blank, Composer- & Fotosatzstudio GmbH, München
Druck: Oberammergauer Buch- und Kunstdruck
Bindearbeiten: Thomas, Augsburg
ISBN 3-478-03780-8
Printed in Germany 030780/381201

Vorwort

Mit diesem Buch wenden wir uns an

- *Schüler von Gymnasien und Realschulen, die zu „schwimmen" beginnen und ihre Lücken schließen wollen oder die neben dem Unterricht vor allem für Schulaufgaben üben und sich selbst kontrollieren möchten,*
- *Studierende des Zweiten Bildungsweges, die eine Starthilfe brauchen,*
- *Eltern, die ihren Kindern in der Mathematik helfen wollen,*
- *jeden, der – aus welchen Gründen auch immer – eine leicht verständliche Darstellung der Grundkenntnisse der Algebra sucht.*

Wir mußten uns für eine Anrede entscheiden. Die Erwachsenen mögen uns verzeihen, daß wir uns nach den Jüngsten gerichtet und die Du-Form gewählt haben.

Das Buch ist programmiert. Ihr braucht also keinen Lehrer und könnt so schnell oder so langsam arbeiten, wie Ihr wollt. Es enthält nur den für das weitere Verständnis der Mathematik wichtigen Stoff. Überflüssiger Ballast ist weggelassen.

Das Buch ist in 21 Lehrprogramme aufgeteilt mit durchschnittlich elf Lernschritten oder „Frames". Jedes Frame enthält eine Information und im Anschluß daran eine Frage. Die Frage kann nur beantworten, wer die Information verstanden hat. Dies zwingt dazu, ständig über das Gelesene nachzudenken. Ein Überfliegen des Textes ist sinnlos.

Im Anschluß an einige Lehrprogramme sind Tests eingeschaltet. Sie zeigen Dir, ob Du genügend verstanden hast, um sinnvoll weiterarbeiten zu können. Zur Festigung der Kenntnisse befindet sich im Anschluß an jedes Programm Übungsmaterial.

Wenn Du nur wenige oder keine Vorkenntnisse hast, solltest Du das Buch vollständig durcharbeiten. Lege Dir bitte ein Heft an, in das Du die Lösungen der Aufgaben einträgst.

Beginne mit A 1. Vergleiche Dein Ergebnis mit der richtigen Lösung auf Seite 127. War die Antwort richtig, gehe zum nächsten Frame über. War die Antwort falsch, lies die Information noch einmal durch. Du wirst mit Hilfe der Lösung leicht feststellen, wo Dein Fehler lag. Arbeite so schrittweise das ganze Programm A durch. Überspringe kein Frame, denn jedes Frame enthält eine wichtige Information. Am Ende von Programm A erhältst Du neue Anweisungen.

Willst Du das Buch nur zur Wiederholung verwenden, beginne mit Test I auf Seite 33. Im Anschluß daran findest Du weitere Anweisungen, die Dich durch die für Dich wichtigen Teile des Buches leiten.

Inhaltsverzeichnis

I. Teil: Aussagen und Aussageformen

Im ersten Teil des Buches wird wenig gerechnet. Hier geht es um die mathematische Fachsprache, vor allem um die Begriffe „Aussage", „Variable" und „Aussageform".

Was eine Aussage ist, ist Dir aus der Umgangssprache geläufig. Du weißt auch, daß Aussagen, ob sie vor Gericht oder im Freundeskreis gemacht werden, wahr sein können oder falsch. Der Mathematiker versteht unter einer „Aussage" jeden Satz, von dem sich prinzipiell feststellen läßt, ob er wahr ist oder falsch. „München ist die Hauptstadt Preußens" ist demnach eine Aussage, ebenso wie „0 ist nicht gleich 1". Auch Aussageformen sind Dir schon begegnet: Unter Deinem Jahreszeugnis wird stehen: „. . . hat das Klassenziel erreicht." Solange über den Pünktchen noch nicht Dein Name prangt, ist das noch keine Aussage. Die Frage nach der Wahrheit ist sinnlos. Erst durch das Einsetzen Deines Namens wird eine Aussage daraus. Vorher handelte es sich um eine „Aussageform". Aber nicht nur in Zeugnisformularen sind „Leerstellen", in die man beliebige Namen einsetzen kann, praktisch. Auch die Mathematiker lieben sie sehr. Sie nennen sie „Variable" und verwenden anstelle der Pünktchen Buchstaben. Wenn Du in unserem Algebrabuch blätterst, fallen Dir sicher die vielen Buchstaben auf. Du mußt lernen, mit ihnen umzugehen. Dies ist das Ziel des ersten Abschnitts.

A Terme und Aussagen

A 1 Wenn Du mit Zahlen rechnest, entstehen Ausdrücke wie

$2 + 5$; $6 - 3$; $3 \cdot 4$; $5 : 5$.

Jeder solche Ausdruck heißt „Term". In unseren vier Termen sind jeweils zwei Zahlen durch ein Rechenzeichen verknüpft.
Die Zahlen, die in einem Term vorkommen, brauchen nicht verschieden zu sein. Im Term $5 : 5$ ist beispielsweise 5 mit sich selbst verknüpft.

Welche vier Terme erhältst Du, wenn Du die Zahl 1 durch jede der vier Grundrechenarten mit sich selbst verknüpfst?
(Antwort auf Seite 127)

A 2 Einige Terme kommen besonders häufig vor. Sie haben eigene Namen. So nennt man

$9 + 3$ eine „Summe",
$9 - 3$ eine „Differenz",
$9 \cdot 3$ ein „Produkt",
$9 : 3$ einen „Quotienten".

Bilde aus den Zahlen 6 und 2 das Produkt und den Quotienten. Rechne die beiden Terme aus. Wie groß ist ihre Differenz?

A 3 Die Summe $6 + 3 + 9$ hat drei „Summanden", das Produkt $1 \cdot 2 \cdot 3 \cdot 4$ vier „Faktoren".

Der Term $3 \cdot 4 + 5 \cdot 2$ ist die Summe zweier Produkte.
Welche Faktoren hat der erste Summand?

A 4 Das Produkt $5 \cdot 5 \cdot 5$ hat lauter gleiche Faktoren. Man schreibt dafür kurz 5^3 (gesprochen: Fünf hoch drei).
Der Term $5^3 = 5 \cdot 5 \cdot 5$ heißt eine „Potenz".

Berechne 2^{10}.

A 5 Eine Potenz ist ein Produkt mit gleichen Faktoren. In der Potenz 3^4 heißt 3 die „Basis", 4 ist der „Exponent".
Der Exponent sagt, wie viele Faktoren das Produkt hat. Die Basis ist die Zahl, die als Faktor auftritt.

Wie groß ist der Exponent einer Potenz, wenn die Basis 3 und der Wert der Potenz 81 ist?

A 6 Besonders häufig kommen Produkte mit zwei gleichen Faktoren vor, also Potenzen mit dem Exponenten 2. Man nennt sie „Quadrate". Statt „drei hoch zwei" sagt man auch „drei Quadrat".
Die Zahlen

$1^2 = 1$; $2^2 = 4$; $3^2 = 9$; $4^2 = 16$; ....

nennt man „Quadratzahlen".

Schreibe die ersten 15 Quadratzahlen auf und lerne sie auswendig.

A 7 Zwei Terme kannst Du der Größe nach vergleichen. Die Summe $2 + 5$ ist gleich der Differenz $13 - 6$. Denn beide Terme haben den Wert 7. Du schreibst.

$2 + 5 = 13 - 6$.

Die Terme $8 - 3$ und $2 + 2$ sind dagegen verschieden. Das drückst Du mit einem „Ungleichheitszeichen" aus:

$8 - 3 \neq 2 + 2$.

Betrachte nun die Differenz $13 - 3$, den Quotienten $100 : 10$ und das Produkt $11 \cdot 2$. Welche dieser Terme sind gleich, welche nicht? – Antworte mit drei Gleichungen bzw. Ungleichungen.

A 8 Sind zwei Terme ungleich, dann kannst Du mit den Zeichen $<$ und $>$ ausdrücken, welcher der beiden Terme der größere ist.

$5 < 7$ bedeutet: 5 ist kleiner als 7.
$7 > 5$ bedeutet: 7 ist größer als 5.

Vergleiche die Terme $7 - 3$ und $2 + 3$ mit Größer- und Kleinerzeichnen.

A 9 Durch Vergleich zweier Terme entsteht eine „Aussage". Aussagen sind entweder wahr oder falsch. So ist die „Ungleichung" $5 \cdot 7 > 30$ eine wahre, die Gleichung $5 \cdot 3 = 20$ dagegen eine falsche Aussage.

Welche der folgenden Aussagen sind wahr, welche falsch?

a) $5 \cdot 4 < 21 : 3$, b) $2 \cdot 8 \neq 16$, c) $2 \cdot 5 = 40 : 2$.

A 10 In dem Term

$4 : 2 + 5 \cdot 2$

sind die Zahlen durch drei Rechenzeichen miteinander verknüpft. Hier ist die Reihenfolge der Rechenschritte wichtig. Die Regel heißt: *Erst Multiplizieren und Dividieren! Danach Addieren und Subtrahieren!*

Also:

$4 : 2 + 5 \cdot 2 = 2 + 10 = 12.$

Da Plus- und Minuszeichen aus Strichen, Multiplikations- und Divisionszeichen dagegen aus Punkten bestehen, verabredet man kurz:

Punkt geht vor Strich!

Berechne $5 \cdot 7 - 3 \cdot 4 + 6 : 3$.

A 11 Kommen in einem Term nur Multiplikationen vor, so führst Du die einzelnen Rechenschritte der Reihe nach aus. Du rechnest demnach

$5 \cdot 4 \cdot 2 \cdot 7 = 20 \cdot 2 \cdot 7 = 40 \cdot 7 = 280.$

Ebenso verfährst Du, wenn nur Additionen und Subtraktionen auftreten:

$5 + 8 - 2 - 5 + 6 = 13 - 2 - 5 + 6 = 11 - 5 + 6 = 6 + 6 = 12.$

Berechne

a) $7 \cdot 5 \cdot 6 \cdot 10 \cdot 3$, b) $3 + 6 - 2 + 1 - 8$.

A 12 Nach der Regel „Punkt geht vor Strich" hat der Term $5 \cdot 2 + 2 \cdot 3$ den Wert 16. Soll dagegen zuerst die Addition ausgeführt werden, mußt Du Klammern setzen:

$5 \cdot (2 + 2) \cdot 3 = 5 \cdot 4 \cdot 3 = 60.$

Klammerinhalte werden zuerst berechnet.

Ist die Aussage $(2 \cdot 5 + 3) \cdot 4 < 2 \cdot (5 + 3 \cdot 4)$ wahr oder falsch?

A 13 Nicht immer kommst Du mit einer Klammer aus. Willst Du $2 + (5 \cdot 3 - 6 \cdot 2)$ durch 5 dividieren, mußt Du, um Mißverständnisse zu vermeiden, den ganzen Term in Klammern setzen. Da die runde Klammer schon verwendet ist, setzt Du eine eckige.
Schreibe also

$[2 + (5 \cdot 3 - 6 \cdot 2)] : 5.$

Du rechnest

$[2 + (15 - 12)] : 5 = [2 + 3] : 5 = 5 : 5 = 1.$

Berechne

$[(5 \cdot 3 - 2 \cdot 4) - 1] : (15 - 4 \cdot 3).$

Das erste Programm ist geschafft. Hast Du Dich immer an die Anweisungen gehalten? Hast Du vor dem Nachschlagen der Lösungen jede Frage schriftlich beantwortet? – Wenn nicht, tue das bitte von jetzt an. Konntest Du sämtliche Fragen fehlerlos beantworten? – Dann gehe bitte weiter zu Programm B.
Hattest Du gelegentlich Schwierigkeiten? Mußtest Du öfters eine Lösung nachschlagen, um die Frage zu verstehen? – Dann bist Du möglicherweise noch nicht sicher genug, um die weiteren Programme bearbeiten zu können. Rechne bitte die folgenden Übungsaufgaben durch und wiederhole Programm A. Danach mache weiter mit Programm B.

Übungen zu Programm A

(Lösungen auf Seite 127)

1 Welche der Aussagen sind wahr, welche sind falsch?

a) $2 > 3$, b) $2 \cdot 7 \neq 14$, c) $11 < 144 : 12$.

---

2 Berechne die Terme

a) $8 \cdot 4 \cdot 27 \cdot 12$, b) $4 + 7 - 8 - 1 + 3$.

---

3 Berechne die Terme

a) $(13 - 8) \cdot (12 + 3)$, b) $(35 - 3) : (11 + 5)$,
c) $(33 - 3) \cdot 5 + (11 - 1) \cdot 3$.

---

4 Zeige, daß die Terme

a) $4 + 5 \cdot 3 + 8$, b) $(4 + 5) \cdot 3 + 8$, c) $4 + 5 \cdot (3 + 8)$

voneinander verschieden sind.

---

5 Berechne die Terme

a) $(12 : 6 - 1 : 1) \cdot 5 + [2 \cdot 3 + (2 \cdot 3) : 6] \cdot 3$,
b) $(8 \cdot 2 + 3 \cdot 6) \cdot (5 \cdot 2 + 2 \cdot 3)$,
c) $[8 + 3 \cdot 4 \cdot (5 + 3)] : (20 : 4 - 1)$,
d) $[(36 : 4 - 3 \cdot 2) \cdot 5 + 1] : (3 \cdot 9 - 23)$,
e) $[(3 \cdot 7 - 2 \cdot 5) \cdot 2 - 10] : (3 \cdot 8 : 2)$.

---

6 Welche Aussagen sind wahr? Welche sind falsch?

a) $(4 + 5) : 3 \neq 7 \cdot (8 - 5) - 18$,
b) $[4 + (8 : 2 + 4 \cdot 3)] : 5 > 22 - (3 \cdot 4 + 4)$,
c) $11 - 3 \cdot [8 : 2 - 3] < (11 - 3) \cdot (8 : 2 - 3)$.

---

7 Welche der Aussagen sind wahr?

a) $2^2 < 2^3$,
b) $2^2 > 3 + 1$,
c) $3^2 \neq 2^3$.

B Aussageformen

B 1 Vergleiche die Aussagen

$3 + 3 = 2 \cdot 3$,
$4 + 4 = 2 \cdot 4$,
$7 + 7 = 2 \cdot 7$.

Alle diese Aussagen haben die gleiche Form, nämlich

$a + a = 2 \cdot a$.

Hier kommen statt Zahlen Buchstaben vor. Man nennt eine derartige Zeile eine „Aussageform". Die Buchstaben heißen „Platzhalter", „Leerstellen" oder auch „Variablen". Anstelle der Variablen kannst Du Zahlen einsetzen. Dann entstehen aus der Aussageform wieder Aussagen.
In Termen mit Variablen läßt man den Multiplikationspunkt vor den Variablen weg. Man schreibt also $a + a = 2a$.

Welche gemeinsame Form haben die Aussagen

$2 < 2 \cdot 2$; $3 < 3 \cdot 3$; $17 < 17 \cdot 17$?

B 2 Gegeben sei die Aussageform

$a(a + 1) < (a + 1)^2$.

Aus ihr erhältst Du eine Aussage, wenn Du für a eine Zahl einsetzt. Es gilt die Regel:

Kommt in einer Aussageform derselbe Buchstabe mehrmals vor, so muß man für ihn jedesmal die gleiche Zahl einsetzen.

Wir erhalten vier verschiedene Aussagen, wenn wir für a nacheinander die Zahlen 1, 2, 3 und 4 einsetzen:

$1 \cdot 2 < 2^2$,

$2 \cdot 3 < 3^2$,

$3 \cdot 4 < 4^2$,

$4 \cdot 5 < 5^2$.

Welche Aussage erhältst Du, wenn Du in der Aussageform $a^2 < a^3$ für a die Zahl 6 einsetzt?

B 3 Wir üben das Zusammenfassen einzelner Aussagen zu einer Aussageform an weiteren Beispielen:

$1 < 2$,

$2 < 5$,

$3 < 10$,

$4 < 17$.

Was auf den linken Seiten dieser Ungleichungen steht, ist klar. Es sind die ersten vier „natürlichen" Zahlen. Nach welcher Regel sind aber die Zahlen rechts gebildet? Du merkst es, wenn Du von jeder Zahl 1 subtrahierst. Dann stehen nämlich gerade die ersten vier Quadratzahlen da. Du kannst also die gegebenen Aussagen auch so schreiben:

$1 < 1^2 + 1$,

$2 < 2^2 + 1$,

$3 < 3^2 + 1$,

$4 < 4^2 + 1$.

Welche Form haben diese Aussagen?

B 4 Welche Form haben die Aussagen

$2 < 6$,
$6 < 12$,
$12 < 20$?

Hier helfen Dir Produktdarstellungen weiter:

$1 \cdot 2 < 2 \cdot 3$,
$2 \cdot 3 < 3 \cdot 4$,
$3 \cdot 4 < 4 \cdot 5$.

Du erkennst: Die Aussagen haben die Form

$a(a+1) < (a+1)(a+2)$.

Du kannst die Probe machen und für a nacheinander die Zahlen 1, 2 und 3 einsetzen.

Welche Form haben die Aussagen

$6 < 8$; $9 < 27$; $12 < 64$; $15 < 125$?

B 5 Vertauschst Du in einer Summe die „Summanden“, so erhältst Du stets gleiche Terme:

$5 + 3 = 3 + 5$,
$21 + 6 = 6 + 21$.

Alle diese Aussagen haben die gleiche Form, nämlich

$a + b = b + a$.

Diese Aussageform hat zwei Variable.

Bilde zur Aussageform

$a + b = b + a$

drei verschiedene Aussagen, indem Du die Variablen durch Zahlen ersetzt.

B 6 Auch in der Aussageform

$a + b < a \cdot b$

kommen zwei verschiedene Buchstaben vor. Trotzdem kannst Du für a und b auch die gleiche Zahl einsetzen. Für $a = 3$ und $b = 3$ entsteht zum Beispiel die wahre Aussage $3 + 3 < 3 \cdot 3$ oder $6 < 9$.

Merke dir also:

> Kommen in einer Aussageform verschiedene Buchstaben vor, so kannst Du für sie verschiedene, aber auch die gleichen Zahlen einsetzen.

Für welche natürlichen Zahlen a und b ist die Gleichung $a \cdot b = 1$ erfüllt?

B 7 Aussagen können wahr oder falsch sein. So sind unter den Aussagen

$1 + 1 < 1 \cdot 1,$
$2 + 2 < 2 \cdot 2,$
$3 + 3 < 3 \cdot 3,$
$4 + 4 < 4 \cdot 4$

zwei wahr, zwei falsch. Trotzdem kann man die vier Aussagen zu einer Aussageform zusammenfassen:

$a + a < a \cdot a.$

Setze in der Aussageform $a + 2a < a^2$ für a nacheinander die Zahlen 1, 2, 3 ein. Welche der drei Aussagen sind falsch?

B 8 Die Aussagen

$3^2 \cdot 5^2 < (3 + 5)^2,$
$2^2 \cdot 1^2 < (2 + 1)^2,$
$9^2 \cdot 7^2 < (9 + 7)^2,$

haben die Form

$a^2 \cdot b^2 < (a + b)^2.$

Die erste und dritte sind falsch, die zweite ist wahr.

Welche Form haben die Aussagen

$4 + 7 < 4 \cdot 7$; $2 + 1 < 2 \cdot 1$; $8 + 8 < 8 \cdot 8$?

Sind sie alle wahr?

B 9 In die Aussageform

$3a + 2a = 5a$

kannst Du für a beliebige Zahlen einsetzen. Es entstehen immer wahre Aussagen. Die Aussageform ist „allgemeingültig“.
Die Aussageform

$a + 1 = 10$

liefert dagegen nur für $a = 9$ eine wahre Aussage. Sie ist „nicht allgemeingültig“.

Ist die Aussage $2a < a^2$ allgemeingültig?

Hattest Du Schwierigkeiten beim Durcharbeiten von Programm B? Oder fühlst Du Dich noch nicht ganz sicher? – Dann bearbeite bitte die folgenden Übungsaufgaben. Andernfalls gehe weiter zu Programm C.

Übungen zu Programm B

(Lösungen auf Seite 129)

1 Es ist

$2 \cdot 1 + 1 = 3 \cdot 1$,
$2 \cdot 2 + 2 = 3 \cdot 2$,
$2 \cdot 3 + 3 = 3 \cdot 3$.

Welche Form haben diese Aussagen?

---

2 Es ist

$2^2 \cdot 2 = 2^3$,
$3^2 \cdot 3 = 3^3$,
$4^2 \cdot 4 = 4^3$.

Welche Form haben diese Aussagen?

---

3 Fasse die Aussagen

$2 \cdot 4 < 2 \cdot 2$,
$3 \cdot 5 < 3 \cdot 3$,
$4 \cdot 6 < 4 \cdot 4$

zu einer Aussageform mit einer Variablen zusammen.

---

4 Welche Form haben die Aussagen

$2 < 2$,
$4 < 5$,
$6 < 10$,
$8 < 17$?

---

5 Setze in die Aussageform

$x^2 \neq x^3$

für die Variable 1, 2 und 3 ein. Für welche dieser Zahlen ergibt sich eine wahre Aussage?

---

6 Für welche der Zahlen 2, 3 und 4 liefert die Aussageform

$x^3 - 3x < x^2$

eine wahre Aussage, für welche eine falsche?

---

7 Für welche der Zahlen zwischen 1 und 10 liefert die Aussageform

$5 \cdot x < x^2$

wahre Aussagen?

---

8 Welche Form haben die Aussagen

$5 + 2 \cdot 3 \neq (5 \cdot 3)^2$,

$7 + 2 \cdot 1 \neq (7 \cdot 1)^2$,

$4 + 2 \cdot 8 \neq (4 \cdot 8)^2$?

C Formeln

C 1 Die Aussageform

$a + b = b + a$

ist allgemeingültig, denn sie führt stets auf wahre Aussagen. Allgemeingültige Aussagen, die in der Mathematik häufig verwendet werden, heißen „Formeln“.
Die Formel

$a + b = b + a$

hat einen besonderen Namen. Sie heißt das *„kommutative Gesetz der Addition“*. Dieses Gesetz besagt:

Man darf in einer Summe die Summanden vertauschen.

Ist auch die Aussageform $a - b = b - a$ eine Formel? Mit anderen Worten: Darf man in der Differenz $a - b$ den „Minuenden“ a mit dem „Subtrahenden“ b vertauschen?

C 2 Auch bei Produkten kommt es nicht auf die Reihenfolge der Faktoren an: Die Terme $5 \cdot 3$ und $3 \cdot 5$ sind beide gleich 15. Es gilt das *„kommutative Gesetz der Multiplikation“*:

$a \cdot b = b \cdot a.$

Zeige anhand einer passenden Aussage, daß es kein kommutatives Gesetz der Division gibt.

C 3 Bei einer Division heißt die Zahl, durch die Du dividierst, der „Divisor“. Die Zahl, die dividiert wird, ist der „Dividend“. Im Beispiel $10 : 5$ ist also 10 der Dividend und 5 der Divisor. Normalerweise darfst Du Dividend und Divisor nicht vertauschen. Die Quotienten sind verschieden.

Für welche Zahlen a und b entstehen aus der Aussageform $a : b = b : a$ trotzdem wahre Aussagen?

C 4 Kommen in einem Term nur Pluszeichen vor, so ist die Reihenfolge, in der Du addierst, gleichgültig. Du kannst rechnen

$5 + 7 + 9 = (5 + 7) + 9 = 12 + 9 = 21$

oder auch

$5 + 7 + 9 = 5 + (7 + 9) = 5 + 16 = 21.$

Da es nicht darauf ankommt, wie Du zusammenfaßt, darfst Du in mehrgliedrigen Summen Klammern beliebig setzen oder weglassen. Es gilt das *„assoziative Gesetz der Addition“*:

$a + b + c = a + (b + c) = (a + b) + c.$

Was ist $a + a + a + 5a$?

C 5 Der Term

$2a + 3b + 5a + b$

läßt sich vereinfachen. Nach dem kommutativen Gesetz der Addition ist

$2a + 3b + 5a + b = 2a + 5a + 3b + b.$

Das assoziative Gesetz erlaubt, Glieder mit gleichen Buchstaben zusammenzufassen:

$2a + 5a + 3b + b = 7a + 4b.$

Vereinfache

$3x + 5y + 4z + 8x + 9z + y.$

C 6 In dem Term

$2a^2 b + 3ab^2 - a^2 b + 5ab^2$

kommen Glieder mit $a^2 b$ und solche mit $a b^2$ vor. Beide Arten von Gliedern kannst Du zusammenfassen. Dadurch ergibt sich

$2a^2 b + 3ab^2 - a^2 b + 5ab^2 = 2a^2 b - a^2 b + 3ab^2 + 5ab^2 =$
$a^2 b + 8ab^2.$

Wenn Du geübt bist, kannst Du selbstverständlich den ersten Schritt überspringen.

Vereinfache $2a^3 + a^2 + a + 3a^2 + 2a^3 - a.$

C 7 Den Ausdruck

$3 \cdot 5 \cdot 7$

kannst Du auf zweierlei Weise berechnen:

$3 \cdot 5 \cdot 7 = (3 \cdot 5) \cdot 7 = 15 \cdot 7 = 105$

oder

$3 \cdot 5 \cdot 7 = 3 \cdot (5 \cdot 7) = 3 \cdot 35 = 105.$

Allgemein gilt das „*assoziative Gesetz der Multiplikation*“:

$abc = (ab)c = a(bc).$

Überzeuge Dich davon, daß das assoziative Gesetz der Multiplikation auch für $a = 10$, $b = 10$, $c = 0$ gilt.

C 8 Nach dem assoziativen Gesetz der Multiplikation kannst Du in einem Produkt die Faktoren beliebig zusammenfassen. So ist

$(3a) \cdot (a^2 b) = 3a \cdot a^2 \cdot b = 3 \cdot a \cdot a \cdot a \cdot b = 3a^3 b.$

Vereinfache $(5ab^2) \cdot b$ soweit wie möglich.

C 9 Beim Vereinfachen von Produkten verwendest Du meist auch das kommutative Gesetz. Du vertauschst die Faktoren so, daß gleichartige aufeinanderfolgen:

$5\,a^2 \cdot b \cdot 2 \cdot a \cdot b^3 = 5 \cdot 2 \cdot a^2 \cdot a \cdot b \cdot b^3 = 10\,a^3\,b^4.$

Vereinfache den Term $(12\,a^2\,b) \cdot (3\,a\,b^2) \cdot (4\,b\,c^3)$ soweit wie möglich.

C 10 Assoziatives und kommutatives Gesetz helfen auch bei Termen wie $(2\,x)^3$ weiter:

$(2\,x)^3 = (2\,x) \cdot (2\,x) \cdot (2\,x) = 2\,x \cdot 2\,x \cdot 2\,x = 2 \cdot 2 \cdot 2 \cdot x \cdot x \cdot x = 2^3 \cdot x^3 = 8\,x^3.$

Vereinfache den Term $(ab)^2\,a^2\,b$.

C 11 Die Potenz

$(a^2\,b)^3$

sieht ausgeschrieben so aus:

$(a^2\,b)\,(a^2\,b)\,(a^2\,b) = (a \cdot a \cdot b)\,(a \cdot a \cdot b)\,(a \cdot a \cdot b).$

Wegen des assoziativen Gesetzes der Multiplikation kannst Du die Klammern weglassen. Das kommutative Gesetz erlaubt Dir, sämtliche Faktoren a und danach sämtliche Faktoren b hintereinanderzuschreiben:

$a \cdot a \cdot a \cdot a \cdot a \cdot a \cdot b \cdot b \cdot b = a^6\,b^3.$

Vereinfache $(a^2\,b^2)^3$.

C 12 Wir berechnen die Potenz

$(3\,a\,b\,c^2)^3.$

Du bist jetzt soweit, daß Du nicht mehr die Potenz ausschreiben mußt, und Du kannst Dir auch die Umordnung der Faktoren sparen. Du weißt ja: Die Faktoren 3, a und b kommen je dreimal, c dagegen sechsmal vor:

$(3\,a\,b\,c^2)^3 = 3^3\,a^3\,b^3\,c^6 = 27\,a^3\,b^3\,c^6.$

Berechne $(a\,b^2\,c^3)^4$.

C 13 $15 : 5 = 3$ ist gleichbedeutend mit $3 \cdot 5 = 15$,
$24 : 12 = 2$ ist gleichbedeutend mit $2 \cdot 12 = 24$.

> Die Division ist die Umkehrung der Multiplikation. Die Multiplikation ist die Umkehrung der Division.

Schreibe zu $a : b = c$ die gleichwertige Produktgleichung.

C 14 Da Division und Multiplikation Umkehrungen voneinander sind, kannst Du die Richtigkeit einer Division durch Multiplikation des Quotienten mit dem Divisor prüfen. So ist $1446 : 12 = 113$ falsch, denn $113 \cdot 12$ ist nicht gleich 1446, sondern 1356.

Prüfe ebenso, welche der Divisionen

a) $1413 : 17 = 89$; b) $26961 : 129 = 209$

richtig, welche falsch ausgeführt ist.

C 15 Die Division durch Null ist verboten. Denn die Probe zu der Aufgabe $a : b = c$ führt für $b = 0$ auf $c \cdot 0 = a$. Dies ist für alle $a \neq 0$ falsch.

Bekanntlich ist $0 \cdot a = 0$. Was ist demnach $0 : a$ für $a \neq 0$?

C 16 Auch $0 : 0$ gibt es nicht. Nimm an, $0 : 0$ sei c. Dann würde die Probe $c \cdot 0 = 0$ für jedes c stimmen. $0 : 0$ könnte also jede beliebige Zahl sein.
Das ist nicht zulässig. Denn in der Mathematik verlangt man „eindeutige Ergebnisse".

Mache formal die Probe auf

„$0 : 0 = 17$" und „$0 : 0 = 99$".

Überzeuge Dich, daß die Probe bei beiden Aussagen „stimmt".

Ging bisher alles glatt? – Dann gehe gleich weiter zu Programm D. Andernfalls solltest Du unbedingt die folgenden Übungsaufgaben durcharbeiten.

Übungen zu Programm C

(Lösungen auf Seite 130)

1 Welche der folgenden Aussageformen sind Formeln? Setze für a und b nur natürliche Zahlen, also 1, 2, 3 . . . ein.
a) $a + 0 = a$; b) $a \cdot 0 = 0$; c) $a \neq 2a$; d) $10a \neq a^2$;
e) $a : b \neq a \cdot b$.

---

2 Fasse zusammen:
a) $7a + 3a + 11a$; b) $10a - 5a + 6b - 3b$;
c) $15a + 3x + 2a + 6x$.

---

3 Fasse zusammen

a) $2a^3b^2 - 2a^3b + 3a^3b^2 + 5a^3b$,

b) $a^2 + 5ab + ab + b^2$,

c) $4x^2y - 5xy^3 + x^2y + 5xy^3 - x^2y$.

---

4 Es gilt

$a^2 + ab + 3a^2 - ab =$

$a^2 + 3a^2 + ab - ab =$

$4a^2$.

Welche Rechengesetze wurden beim Übergang von der ersten in die zweite Zeile, welche beim Übergang von der zweiten in die dritte angewandt?

---

5 Vereinfache die folgenden Produkte soweit wie möglich:

a) $5a \cdot 3a$, b) $5ab \cdot 3a^2b$,

c) $2a \cdot 4a^2b^2$, d) $12a \cdot 6ab$.

---

6 Vereinfache

a) $(a^3b^2c^2)^3$, b) $(5ab^3)^2$, c) $(3a^2bc)^3$.

---

7 Vereinfache

a) $x(x^2z)^3$, b) $xy^2(yz)^3$, c) $(xy^2)^2(x^3y)^2$.

---

8 Zeige, daß $a : a = 1$ für $a \neq 0$ eine allgemeingültige Aussageform, also eine Formel ist.

D Grund- und Erfüllungsmengen von Aussageformen

D 1 Zahlen wie 3, 7, 12, 17, . . . heißen natürliche Zahlen. Die kleinste natürliche Zahl ist 1. Alle natürlichen Zahlen zusammen bilden die „Menge der natürlichen Zahlen“, abgekürzt $\mathbb{N}$. Es ist also

$\mathbb{N} = \{1; 2; 3; 4; 5; \ldots\}$.

Die geschweifte Klammer faßt das, was in der Klammer steht, zu einer Menge zusammen. Die Pünktchen bedeuten, daß die Zahlenfolge fortgesetzt werden soll.
Um auszudrücken, daß 5 zur Menge der natürlichen Zahlen gehört, schreibst Du

$5 \in \mathbb{N}$

und liest: „5 ist ein ‚Element‘ von $\mathbb{N}$“ oder „5 gehört zu $\mathbb{N}$“. Der Bruch $\frac{7}{3}$ gehört nicht zu $\mathbb{N}$.

$\frac{7}{3} \notin \mathbb{N}$.

Welche der drei Zahlen $\frac{1}{2}$, 0 und 3 gehören zu $\mathbb{N}$, welche nicht? Antworte mit den Zeichen $\in$ und $\notin$.

D 2 Die Gleichung

$4 + x = 7$

ist eine nicht allgemeingültige Aussageform. Wir suchen alle Zahlen x, für die wahre Aussagen entstehen. Jede dieser Zahlen heißt eine „Lösung“ der Aussageform.
Hier gibt es nur eine Lösung der Gleichung, nämlich 3, denn nur $4 + 3$ ist gleich 7.

Welche Lösung hat die Gleichung $2x - 10 = 2$?

D 3 Welche Lösungen hat die Aussageform

$a^2 = a$?

Wenn Du für a nur Zahlen aus $\mathbb{N}$ einsetzt, erhältst Du als einzige Lösung 1. Läßt Du dagegen für a auch andere Zahlen zu, findest Du die weitere Lösung 0.

Es ist also wichtig, anzugeben, welche Zahlen in die Aussageform eingesetzt werden sollen. Die Gesamtheit dieser Zahlen heißt die „Grundmenge $\mathbb{G}$“.

Welche Lösungen hat die Ungleichung $a < 4$, wenn Du als Grundmenge die Menge der natürlichen Zahlen nimmst?

D 4 Oft ist es zweckmäßig, zur Menge der natürlichen Zahlen noch die Null dazuzunehmen. Diese Menge bezeichnet man dann mit $\mathbb{N}_0$. Die Aussageform

$a + a = a$

mit der Grundmenge $\mathbb{G} = \mathbb{N}_0$, kurz

$a + a = a; \quad a \in \mathbb{N}_0$

hat die Lösung 0.

Welche Lösungen hat die Aussageform

$a^2 = a^3; \quad a \in \mathbb{N}_0$?

D 5 Die Lösungen der Ungleichung

$2x > 5; \quad x \in \mathbb{N}_0$

findest Du durch „Probieren“. Du setzt für x nacheinander die Zahlen 0, 1, 2, 3, . . . ein:

x	0	1	2	3	4	. . .
2x	0	2	4	6	8	. . .

Die Tabelle zeigt: Die Zahlen 0, 1, 2 „erfüllen“ die Ungleichung nicht. 3, 4 und alle größeren natürlichen Zahlen sind dagegen Lösungen.

Welche Lösungen hat die Ungleichung

$5x + 1 < 20; \quad x \in \mathbb{N}$?

D 6 Die Ungleichung

$x < 5; \quad x \in \mathbb{N}$

hat die Lösungen 1, 2, 3 und 4.
Alle Lösungen zusammen bilden die „Erfüllungsmenge“ oder die „Lösungsmenge $\mathbb{L}$“ der Aussageform. Man schreibt

$\mathbb{L} = \{1; 2; 3; 4\}$.

Welche Lösungsmenge hat die Aussageform $5x < 12; \quad x \in \mathbb{N}$?

D 7 Die Grundmenge einer Aussageform braucht weder $\mathbb{N}$ noch $\mathbb{N}_0$ zu sein. In der Ungleichung

$x^2 + x < 2x^3; \quad x \in \{1; 2; 3\}$

umfaßt die Grundmenge nur die drei Elemente 1, 2 und 3.

Gib die Lösungsmenge dieser Ungleichung an.

D 8 Normalerweise ist eine Aussageform nicht allgemeingültig. So umfaßt die Lösungsmenge der Ungleichung

$x > 3; \quad x \in \mathbb{N}$

nicht alle x aus $\mathbb{N}$, sondern nur die natürlichen Zahlen ab 4:

$\mathbb{L} = \{4; 5; 6; \ldots\}$.

Für welche der Aussageformen

a) $x^2 > x; \quad x \in \{1; 2; 3\}$, b) $2 + x < 10; \quad x \in \{1; 2; 3; 4\}$

ist die Lösungsmenge gleich der Grundmenge?

D 9 Die Aussageform

$a + a + a = 3a; \quad a \in \mathbb{N}$

ist allgemeingültig. Hier ist die Lösungsmenge $\mathbb{L}$ gleich der Grundmenge: $\mathbb{L} = \mathbb{N}$.
Bei welchen der folgenden Aussageformen ist $\mathbb{L}$ ebenfalls gleich der Grundmenge?

a) $a : a = 1; \quad a \in \mathbb{N}$, b) $2a + 5a = 7a; \quad a \in \mathbb{N}_0$,
c) $x > 1; \quad x \in \mathbb{N}_0$,
d) $a^2 - a = a(a - 1); \quad a \in \{1; 2; 3; 4; 5\}$.

D 10 Die Gleichung

$a + 10 = a; \quad a \in \mathbb{N}$

hat keine Lösung. Man sagt: „Die Lösungsmenge ist leer" oder auch „$\mathbb{L}$ ist die leere Menge". Das Zeichen für die leere Menge ist $\emptyset$.

Welche der folgenden Ungleichungen haben leere Lösungsmengen?

a) $a^2 < 1; \quad a \in \mathbb{N}$, b) $a^2 > 1; \quad a \in \mathbb{N}_0$,
c) $a^2 - a < 1; \quad a \in \{1; 2; 4\}$.

D 11

> Eine Menge $\mathbb{A}$ heißt Teilmenge von $\mathbb{B}$, wenn sie entweder leer ist oder nur Elemente von $\mathbb{B}$ enthält. Man schreibt dann $\mathbb{A} \subseteq \mathbb{B}$.

Welche der folgenden Mengen sind Teilmengen von

$\mathbb{M} = \{1; 2; 3; 4\}$?

$\mathbb{M}_1 = \{1; 2; 3\}$; $\mathbb{M}_2 = \{1; 2; 5\}$; $\mathbb{M}_3 = \emptyset$.

D 12 $\mathbb{A}$ ist auch dann eine Teilmenge von $\mathbb{B}$, wenn $\mathbb{A} = \mathbb{B}$ ist. Man spricht in diesem Fall von einer „unechten" Teilmenge. Umfaßt dagegen $\mathbb{B}$ außer den Elementen von $\mathbb{A}$ noch weitere, so heißt $\mathbb{A}$ eine „echte" Teilmenge von $\mathbb{B}$. In Zeichen:

$\mathbb{A} \subset \mathbb{B}$.

Merke Dir also folgende Bezeichnungen:

$\mathbb{A} = \mathbb{B}$: *$\mathbb{A}$ und $\mathbb{B}$ haben dieselben Elemente.*
$\mathbb{A} \subseteq \mathbb{B}$: *Jedes Element von $\mathbb{A}$ ist auch Element von $\mathbb{B}$.*
$\mathbb{A} \subset \mathbb{B}$: *Jedes Element von $\mathbb{A}$ ist auch Element von $\mathbb{B}$, aber $\mathbb{B}$ hat mindestens ein Element, das nicht zu $\mathbb{A}$ gehört.*

Gegeben sind die Mengen

$\mathbb{A} = \{1; 2; 3\}$; $\mathbb{B} = \{2; 3\}$; $\mathbb{C} = \{1; 2; 3\}$.

Welche Beziehungen bestehen zwischen je zwei Mengen? Antworte unter Verwendung der Zeichen $\subset$ und $\subseteq$.

D 13 Die Lösungsmenge jeder Aussageform ist eine Teilmenge der Grundmenge:

$\mathbb{L} \subseteq \mathbb{G}$.

Ist die Aussageform allgemeingültig, so ist $\mathbb{L} = \mathbb{G}$. Andernfalls gilt $\mathbb{L} \subset \mathbb{G}$.

Welche dieser Beziehungen gilt für die Aussageform

$x > 0$; $x \in \mathbb{N}$?

D 14 Für welche x wird die Aussageform

$x + 20 > x^2$; $\mathbb{G} = \mathbb{N}$

zu einer wahren Aussage?

Wenn Du nicht sofort die Lösungsmenge überblickst, setzt Du für x nacheinander natürliche Zahlen ein und vergleichst die rechte und die linke Seite der Ungleichung. Am besten machst Du eine Tabelle.

x	1	2	3	4	5	6	7
x + 20	21	22	23	24	25	26	27
x^2	1	4	9	16	25	36	49

Du siehst: Nur für $x < 5$ ist die linke Seite größer als die rechte. Also ist die Lösungsmenge

$\mathbb{L} = \{1; 2; 3; 4\}$.

Welche Lösungsmenge hat die Ungleichung

$x^2 + x > x^3$; $\mathbb{G} = \mathbb{N}$?

Wenn Du beim Durcharbeiten dieses Programms keine Schwierigkeiten hattest, kannst Du die folgenden Übungen überspringen.

Übungen zu Programm D

(Lösungen auf Seite 132)

1 Welche der folgenden Aussagen sind wahr, welche falsch?

a) $3 \in \mathbb{N}_0$, b) $5 \notin \{1; 3; 4\}$, c) $1 \in \emptyset$, d) $0 \in \mathbb{N}$.

---

2 Bestimme die Lösungsmengen zu den Aussageformen

a) $x + 2 = 8$; $x \in \mathbb{N}$, b) $5x + 3 > 12$; $x \in \mathbb{N}_0$,
c) $x^2 - x < 3x$; $x \in \mathbb{N}$, d) $2x^2 + x > x^4$; $x \in \mathbb{N}_0$,
e) $x^2 < 1$; $x \in \mathbb{N}$.

---

3 Ist die Aussageform $x^3 > x$; $x \in \mathbb{N}$ allgemeingültig?

---

4 Für welche der folgenden Aussageformen ist die Lösungsmenge gleich der Grundmenge?

a) $a + a = a$; $\mathbb{G} = \{0\}$, b) $a(a + 1) > a^2$; $a \in \mathbb{N}_0$,
c) $a^2 = a$; $\mathbb{G} = \{0; 1; 2\}$.

---

5 Für welche der Aussageformen

a) $x - 1 > x + 1$; $x \in \mathbb{N}$, b) $3x + 2x = x$; $x \in \mathbb{N}_0$,
c) $(x - 1) \cdot 3 > 4x$; $x \in \mathbb{N}$

ist die Lösungsmenge leer?

---

6 Welche der folgenden Aussagen sind wahr, welche falsch?

a) $\{2; 3; 4\} \subset \{2; 3; 4\}$, b) $0 \in \mathbb{N}$, c) $\{1; 2; 4\} \subseteq \{1; 2; 3\}$.

E Aussageformen in Worten

E 1 Mathematische Aussagen lassen sich in Worte fassen. Anstelle von

$2 + 3 < 2 \cdot 3$

kannst Du auch sagen: „Die Summe der Zahlen 2 und 3 ist kleiner als ihr Produkt". Auch dieser Satz ist eine Aussage.

> Jeder Satz, von dem sich feststellen läßt, ob er wahr ist oder falsch, ist eine Aussage.

Formuliere die Aussage

$1 + 2 + 3 + 4 + 5 + 6 + 7 + 8 + 9 + 10 = 55$

in Worten.

E 2 Der Satz „Die Summe der geraden Zahlen zwischen 1 und 11 ist 30" ist wahr. Der Satz ist eine Aussage.

Ist auch der Satz „Das Produkt der ersten 10 natürlichen Zahlen ist kleiner als eine Million" eine Aussage?

E 3 Du kannst nicht nur Aussagen, sondern auch Aussageformen in Worten ausdrücken. So entspricht der Gleichung

$2x = 10; \quad x \in \mathbb{N}$

der Satz: „Das Doppelte einer natürlichen Zahl ist 10". Die Variable x ist hier durch den unbestimmten Ausdruck „eine natürliche Zahl" ersetzt, der zugleich die Grundmenge $\mathbb{N}$ angibt.

Drücke die Aussageform

$x^2 < 5; \quad x \in \mathbb{N}$

in Worten aus.

E 4 In der Aussageform

$x(x + 2) = 10; \quad x \in \mathbb{N}$

unterscheiden sich die beiden Faktoren um 2. In Worten lautet die Gleichung also: „Das Produkt zweier natürlicher Zahlen, von denen die eine um 2 größer ist als die andere, ist 10“ oder: „Das Produkt zweier natürlicher Zahlen, die sich um 2 unterscheiden, ist 10“.

Formuliere die Ungleichung $(x + 1)\,x < 3; \quad x \in \mathbb{N}$ in Worten.

E 5 Bei vielen Aufgaben sind Aussageformen zunächst in Worten gegeben. Sie müssen in die mathematische Zeichensprache übersetzt werden. Wir schreiben den Satz „Die Summe zweier aufeinanderfolgender natürlichen Zahlen ist 19“ als Gleichung. Ist n die kleinere der beiden Zahlen, dann ist die größere $n + 1$. Die Aussageform heißt also

$n + (n + 1) = 19; \quad n \in \mathbb{N}.$

Schreibe die Aussageform „Die Summe dreier aufeinanderfolgender natürlicher Zahlen ist 20“ als Gleichung. Hat die Gleichung eine Lösung?

E 6 Die Aussageform „Man erhält den Flächeninhalt eines Rechtecks, indem man seine Seiten miteinander multipliziert“ läßt sich auch formelmäßig schreiben. Nenne die eine Rechtecksseite a, die andere b. Dann erhältst Du für den Flächeninhalt A die Formel

$A = a \cdot b.$

Drücke auch den Satz „Man erhält die Geschwindigkeit, indem man den Weg durch die Zeit dividiert“ als Formel aus. Bezeichne dabei, wie es in der Physik üblich ist, die Geschwindigkeit mit v, den Weg mit s und die Zeit mit t.

E 7 Die Aussageform „Der Flächeninhalt eines Rechtecks, dessen Seiten sich um 2 unterscheiden, ist 16“ soll als Gleichung geschrieben werden. Nenne die größere der beiden Seiten a. Dann ist die kleinere $a - 2$, und es entsteht die Aussageform $a(a - 2) = 16$.

Schreibe die Aussageform „Vergrößert man in einem Quadrat die eine Seite um 1 und verkleinert die andere um 2, so erhält man ein Rechteck mit dem Flächeninhalt 12“ als Gleichung. Ist diese Gleichung mit natürlichen Zahlen lösbar?

E 8 „Vergrößert man in einem Würfel zwei Seiten um 1 und verkürzt die dritte um 2, so ändert sich der Rauminhalt." Diese Aussageform führt auf eine Ungleichung. Ist die Kantenlänge des ursprünglichen Würfels x, so ist sein Volumen x^3. Nach Veränderung der Seiten entsteht ein Quader mit dem Rauminhalt $(x + 1)^2 (x - 2)$. Beide Volumina sollen ungleich sein:

$x^3 \neq (x + 1)^2 (x - 2)$.

Formuliere die Aussageform „Die Fläche eines Rechtecks, das aus einem Quadrat durch Vergrößern der einen Seite um 1 und durch Verkleinern der anderen Seite um 1 entstanden ist, ist kleiner als die Fläche des Quadrates" als Ungleichung.

Wenn Dir das Programm E Schwierigkeiten bereitet hat, rechne bitte die folgenden Übungen durch. Andernfalls gehe weiter zu Test I auf Seite 33.

Übungen zu Programm E

(Lösungen auf Seite 133)

1 Wie lauten die Aussagen

a) $3 - 2 < 3 \cdot 2$, b) $20 \cdot 5 > 20 : 5$

in Worten?

---

2 Schreibe die Aussagen

a) $1 + 3 + 5 = 3^2$, b) $1 + 3 + 5 + 7 = 4^2$

in Worten.

---

3 Formuliere die Aussageform

$n^2 < n(n + 1)$; $n \in \mathbb{N}$

in Worten.

---

4 Schreibe die Aussageform

$n + (n + 1) + (n + 2) = 18$; $n \in \mathbb{N}$

in Worten.

---

5 Formuliere die Gleichung

$(n + 1)^2 - n^2 = 9; \quad n \in \mathbb{N}$

in Worten.

---

6 Schreibe die Aussageform „Das Dreifache einer natürlichen Zahl ist um 8 größer als ihr Doppeltes“ als Gleichung. Gib die Lösungsmenge an.

---

7 Schreibe den Satz „Vergrößert man die beiden Seiten eines Quadrates um 1, so vervierfacht sich der Flächeninhalt“ als Gleichung. Gibt es eine natürliche Zahl, die die Gleichung erfüllt?

---

8 Schreibe die Aussageform „Vergrößert man in einem Quadrat die eine Seite um 1 und verkleinert die andere um 2, so ändert sich der Flächeninhalt nicht“ als Gleichung. Gib die Lösungsmenge an, wenn die Grundmenge die Menge der natürlichen Zahlen ist.

---

9 Schreibe die Aussageform „Das Produkt von vier aufeinanderfolgenden natürlichen Zahlen ist größer als deren Summe“ als Ungleichung. Führt die Aussageform stets auf richtige Aussagen?

Es folgt nun ein Test. Er soll Dir zeigen, ob Du den Stoff der ersten fünf Programme beherrschst bzw. wo Deine Lücken liegen. Beantworte bitte zunächst alle fünf Testfragen.

Test I

Aufgabe A
Ist die Aussage

$4 \cdot (6^2 : 9 + 5 \cdot 2) > 2 \cdot (5 \cdot 6 - 4 : 2)$

wahr?

Aufgabe B
Die folgenden Aussagen haben die gleiche Form:

$(3 \cdot 5)^3 = 3^3 \cdot 5^3; \quad (4 \cdot 7)^3 = 4^3 \cdot 7^3; \quad (6 \cdot 2)^3 = 6^3 \cdot 2^3.$

Formuliere die Aussageform mit zwei Variablen.

Aufgabe C

a) Vereinfache $(2a^3 b c^2)^2 abc$.

b) Welche Rechengesetze hast Du bei der Vereinfachung angewandt?

Aufgabe D

Bestimme die Lösungsmenge der Ungleichung

$3n^2 + 2n < 5n; \quad n \in \{0; 1\}$.

Ist die Lösungsmenge eine echte Teilmenge der Grundmenge?

Aufgabe E

Schreibe die Aussageform „Die Summe zweier natürlicher Zahlen, die sich um 2 unterscheiden, ist gleich ihrem Produkt" als Gleichung und bestimme deren Lösungsmenge.

Vergleiche bitte Deine Antworten mit den richtigen Lösungen auf Seite 133.

Hast Du keine Fehler gemacht? – Dann gehe weiter zu Programm F.

Wenn Du das Buch nur zur Wiederholung verwendest, bearbeite bitte Test II auf Seite 55.

Hast Du dagegen bei der Beantwortung der Fragen Fehler gemacht, solltest Du die Programme A bis E und das daran anschließende Übungsmaterial noch einmal durchgehen und zwar:

Programm A bei Fehlern in Aufgabe A,
Programm B bei Fehlern in Aufgabe B,
Programm C bei Fehlern in Aufgabe C,
Programm D bei Fehlern in Aufgabe D,
Programm E bei Fehlern in Aufgabe E.

Danach gehe weiter zu Programm F.

II. Teil: Rechnen mit ganzen Zahlen

Es gibt einfache Rechenaufgaben, die sich mit natürlichen Zahlen nicht lösen lassen. Sie werden jedoch dann lösbar, wenn man die Grundmenge $\mathbb{N}_0$ „erweitert". Ein Beispiel:
Am Abend eines Herbsttages herrscht eine Temperatur von 6 °C. Erfahrungsgemäß wird es in der Nacht um 10° kälter. Welche Nachttemperatur ist zu erwarten?
Zur Lösung dieser Aufgabe muß man die Differenz 6–10 berechnen. Diese Subtraktion ist aber in $\mathbb{N}_0$ nicht ausführbar. Trotzdem weiß jeder, die Nachttemperatur wird –4 °C betragen. Du findest diese Temperatur, indem Du auf der Thermometerskala von 6° aus um 10° nach unten weiterzählst. Zum Messen von Temperaturen verwendet man also außer den „positiven" Zahlen noch die „negativen" Zahlen, die „Zahlen unter Null". Man erweitert die Menge $\mathbb{N}_0$ um die negativen Zahlen. Dabei entsteht die Menge der „ganzen" Zahlen. Diese Zahlbereichserweiterung ist sehr wichtig. Ziel der folgenden drei Programme ist es, für das Rechnen mit ganzen Zahlen Regeln aufzustellen. Insbesondere soll geprüft werden, inwieweit sich die Rechengesetze für natürliche Zahlen auf ganze Zahlen übertragen lassen.

F Positive und negative Zahlen

F 1 Die natürlichen Zahlen lassen sich auf dem Zahlenstrahl veranschaulichen:

Die Menge $\mathbb{N}_0$ zur Menge $\mathbb{Z}$ der ganzen Zahlen erweitern heißt, den Zahlenstrahl zur „Zahlengeraden" ergänzen:

Zu jeder Zahl aus $\mathbb{Z}$ gehört ein Punkt auf der Zahlengeraden. Je größer eine Zahl, desto weiter rechts liegt sie auf dem Zahlenstrahl. Oder: $a > b$ gilt genau dann, wenn a rechts von b liegt.
Also:

$-1 > -4$, $\quad 3 > -2$.

Welche der folgenden Aussagen sind wahr?

a) $5 > 2$, b) $-5 > -2$, c) $-5 < -2$, d) $-5 < 2$, e) $0 > -5$.

F 2 Die negative Zahl -3 heißt zur positiven Zahl 3 „entgegengesetzt". Allgemein:

$-a$ ist die zu a entgegengesetzte Zahl.

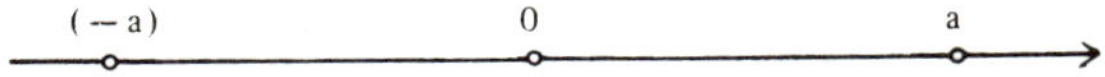

Auf der Zahlengeraden liegen a und $-a$ symmetrisch zum Nullpunkt. Deshalb nennt man umgekehrt auch a die zu $-a$ entgegengesetzte Zahl:

$-(-a) = a$.

Das Minuszeichen dient also hier zur Kennzeichnung der jeweils entgegengesetzten Zahl.

Ergibt $-(-a) = a$ auch dann eine wahre Aussage, wenn Du für a eine negative Zahl, z.B. (-3) einsetzt?

F 3 Die Entfernung einer Zahl vom Nullpunkt der Zahlengeraden heißt ihr „Betrag". Der Betrag einer Zahl ist demnach stets positiv oder Null.

Meint man den Betrag einer Zahl, so setzt man die Zahl zwischen senkrechte Striche.

$|5| = 5$ heißt: „Der Betrag von 5 ist 5"
$|-5| = 5$ heißt: „Der Betrag von -5 ist 5"

Da zwei entgegengesetzte Zahlen die gleiche Entfernung vom Nullpunkt haben, sind ihre Beträge gleich.

Es ist $-3 < -2 < 0$. Gilt auch $|-3| < |-2| < |0|$?

F 4 Positive Zahlen stimmen stets mit ihrem Betrag überein. Du kannst die Betragstriche einfach weglassen:

$|3| = 3$.

Der Betrag einer negativen Zahl ist die zu ihr entgegengesetzte Zahl, also:

$|-3| = -(-3) = +3 = 3$.

Was ist a) $|-1| + |1|$, b) $|-1| - |1|$, c) $|1| - |-1|$?

F 5 Bisher wurden die ganzen Zahlen durch Punkte auf der Zahlengeraden veranschaulicht. Daneben gibt es auch eine Darstellung durch „Pfeile" oder „Vektoren":

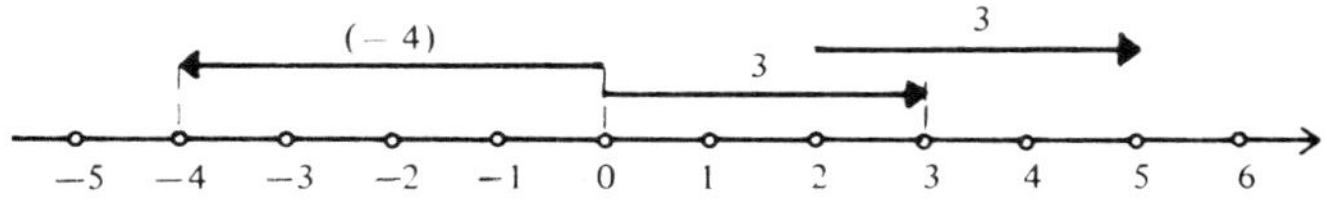

Der positiven Zahl 3 entspricht ein Pfeil der Länge 3 nach rechts. Der negativen Zahl -4 entspricht ein Pfeil der Länge 4 nach links.
Legt man auf der Zahlengeraden die Anfangspunkte der Pfeile 3 oder -4 auf den Nullpunkt, so fallen die Endpunkte dieser Pfeile gerade auf die Punkte 3 bzw. -4.
Pfeile, die gleich lang sind und die gleiche Richtung haben, stellen dieselbe Zahl dar. In der Figur ist die Zahl 3 durch zwei Pfeile dargestellt.

Lege die Pfeile 3 und -4 so auf die Zahlengerade, daß ihre Anfangspunkte auf dem Punkt 2 liegen. Wohin kommen dann ihre Endpunkte?

F 6 Der Betrag eines Vektors ist gleich seiner Länge.

Welche Beträge haben demnach die drei in F 5 eingezeichneten Vektoren?

F 7 Mit der Vektordarstellung läßt sich die Addition natürlicher Zahlen veranschaulichen:

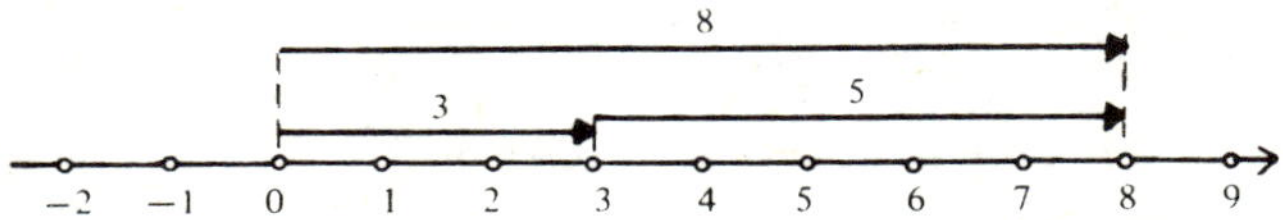

Bei der Summe 3 + 5 legt man die Summandenvektoren 3 und 5 hintereinander: Der Anfangspunkt von 5 kommt auf den Endpunkt von 3. Der Summenvektor 3 + 5 geht dann vom Anfang von 3 zum Endpunkt von 5. Mit dieser Vorschrift erklären wir auch die Addition negativer Zahlen. Danach läßt sich die Summe (– 7) + (– 4) geometrisch so darstellen:

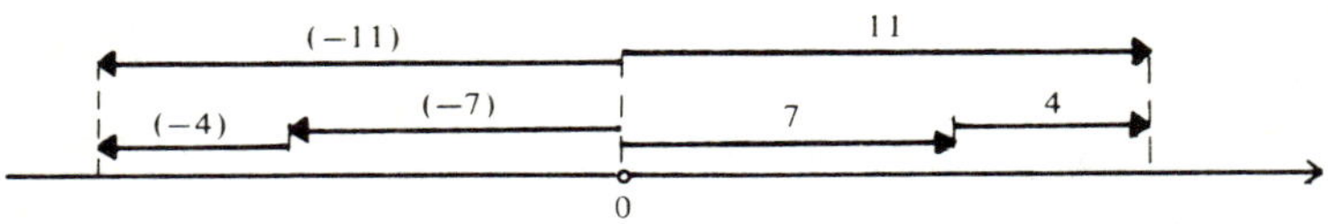

Der Pfeil (– 7) + (– 4) ist nach links gerichtet und ebenso lang wie der von 7 + 4. Also:

$(-7) + (-4) = -(7 + 4) = -11.$

Allgemein gilt:

$(-a) + (-b) = -(a + b).$

Berechne die Summen (– 3) + (– 5) und (– 5) + (– 3), und überzeuge Dich von der Gültigkeit des kommutativen Gesetzes der Addition für negative Zahlen:

$(-a) + (-b) = (-b) + (-a).$

F 8 Auch die Summe einer negativen und einer positiven Zahl findest Du nach der Regel:

> Man addiert zwei Vektoren, indem man den Anfangspunkt des zweiten mit dem Endpunkt des ersten zusammenfallen läßt. Der Summenvektor reicht dann vom Anfangspunkt des ersten Vektors bis zum Endpunkt des zweiten.

Nimm das Beispiel 3 + (– 7):

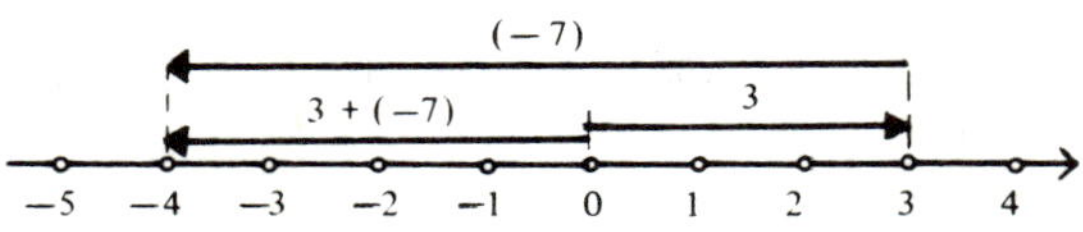

Aus der Figur siehst Du

$3 + (-7) = -4.$

Veranschauliche die Summen

$5 + (-2)$ und $(-2) + 5$

auf dem Zahlenstrahl. Lege dabei den Anfangspunkt des ersten Summanden immer auf den Nullpunkt. Kann man auch hier die Summanden vertauschen, ohne daß sich das Ergebnis ändert?

F 9 Nach F 7 und F 8 galten die Gleichungen

$(-3) + (-5) = (-5) + (-3)$ und $5 + (-2) = (-2) + 5.$

Man kann ganz allgemein bei beliebigen ganzen Zahlen die Summanden vertauschen. Das kommutative Gesetz gilt auch für ganze Zahlen:

$$a + b = b + a; \quad a, b \in \mathbb{Z}.$$

Beachte bitte: Bisher bedeuteten a und b meist natürliche Zahlen. Hier hingegen dürfen a und b auch negative Zahlen sein.

Berechne $(-2) + 3$ und $3 + (-2)$, sowie $5 + (-7)$ und $(-7) + 5$. Veranschauliche jede dieser Summen durch Vektoren und zeige, daß das kommutative Gesetz gilt.

F 10 Die Summe zweier entgegengesetzter Zahlen a und $-a$ ist $a + (-a) = 0$:

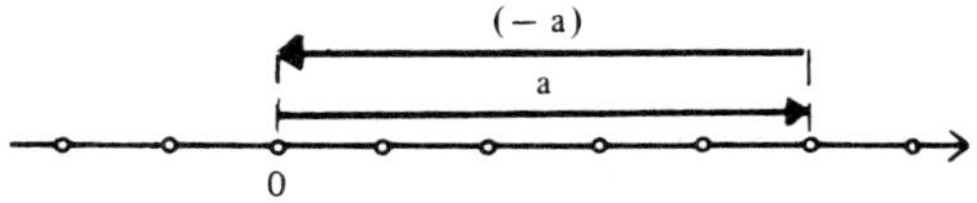

Denn der „Summenvektor" beginnt dann bei Null (= Anfangspunkt von a) und endet bei Null (= Endpunkt von $-a$), ist also ein „Vektor der Länge Null". Er stellt die Zahl Null dar. Zur Veranschaulichung der Summe

$a + 0$

müßte man diesen „Nullvektor" an a anhängen. Man bekommt dabei $a + 0 = a$.

Was ist $(-a) + 0$?

F 11 Für natürliche Zahlen gilt das assoziative Gesetz. Gilt es auch für ganze Zahlen?
Berechnen wir die Terme

$(-7) + [3 + (-4)]$ und $[(-7) + 3] + (-4)$.

Der erste Term ergibt

$(-7) + (-1) = -8$,

der zweite

$(-4) + (-4) = -8$.

Beide Terme sind gleich.

Prüfe, ob auch die Aussage

$(-3) + [(-2) + 4] = [(-3) + (-2)] + 4$

wahr ist.

F 12 Das assoziative Gesetz der Addition gilt auch für ganze Zahlen:

$a + (b + c) = (a + b) + c; \quad a, b, c \in \mathbb{Z}$.

Zum Beweis dieses Gesetzes müßtest Du viele Vorzeichenkombinationen der Zahlen a, b und c untersuchen. Das wollen wir uns schenken.

Überprüfe das Gesetz für

$a = 5, \quad b = -1 \quad$ und $\quad c = -6$.

F 13 Bei natürlichen Zahlen kannst Du die Richtigkeit einer Subtraktion durch eine Addition prüfen.
So ist $15 - 8 = 7$, weil $7 + 8 = 15$ ist. Oder allgemein:

$a - b = c$ ist wahr, wenn $c + b = a$ ist.

Auch für ganze Zahlen soll die Subtraktion durch die Additionsprobe festgelegt werden. Mit anderen Worten: a, b und c können in obiger Regel auch ganze Zahlen sein.

Es ist $3 + (-4) = -1$.
Was folgt daraus für die Differenz $(-1) - (-4)$?

F 14 Die Subtraktion ist die Umkehrung der Addition. So ist

$7 - (-4) = 11$, weil $11 + (-4) = 7$,
$(-3) - 2 = (-5)$, weil $(-5) + 2 = -3$,
$(-2) - (-6) = 4$, weil $4 + (-6) = -2$ ist.

Beachte bitte: Das Minuszeichen hat hier zweierlei Bedeutungen. Einmal dient es zur Kennzeichnung der entgegengesetzten Zahl. Andererseits ist es das Rechenzeichen für die Subtraktion.

Berechne die Differenzen

$6 - (-2)$, $(-3) - 5$, $(-3) - (-5)$.

F 15 Wie Du bereits gefunden hast, ist

$7 - (-4) = 11$.

$7 + 4$ ist ebenfalls 11.
Es gilt also

$7 - (-4) = 7 + 4$.

Ebenso gelten die Gleichungen

$(-2) - (-6) = (-2) + 6$

und

$5 - 3 = 5 + (-3)$.

Du liest daraus die folgende Regel ab:

Man subtrahiert eine ganze (positive oder negative) Zahl, indem man die entgegengesetzte Zahl addiert.

Berechne nach dieser Regel die Differenzen

a) $4 - (-3)$, b) $(-2) - 7$, c) $(-2) - (-6)$.

F 16 Steht zwischen den Betragszeichen ein zusammengesetzter Term, so rechnest Du diesen zunächst aus:

$|(-5) - (-2)| = |(-5) + 2| = |-3|$.

Also ist

$|(-5) - (-2)| = 3$.

Berechne

a) $|5 + 7|$, b) $|8 + (-12)|$, c) $|(-2) - (-6)| - 4$.

Übungen zu Programm F

1 Ordne die Zahlen $-3, 2, |-1|, 5$ und -9 der Größe nach. Beginne dabei mit der größten Zahl.

---

2 a) Welche Zahl ist $-[-(-5)]$? b) Was ist $|-[-(-5)]|$?

---

3 Berechne $|-3|+|-1|+|-2|-|3|$.

---

4 Für welche Zahlen gilt die Formel

$|a| + |b| = |a + b|$?

---

5 Stelle die folgenden Summen durch Vektoren auf der Zahlengeraden dar. Lege dabei stets den Anfangspunkt des ersten Summanden in den Nullpunkt.

a) $3 + (-5)$, b) $(-2) + (-3)$, c) $(-4) + (-3) + 5$.

---

6 Berechne die folgenden Summen, ohne sie auf der Zahlengeraden zu veranschaulichen.

a) $4 + (-3) + 5$, b) $(-3) + (-1) + (-6)$,
c) $(-1) + 1 + (-1)$.

---

7 Berechne

$[(-6) + 3] + (-4)$ und $(-6) + [3 + (-4)]$.

Weshalb erhältst Du in beiden Fällen das gleiche Ergebnis?

---

8 Ist die Aussage $5 - 8 = 3$ wahr? Mache die Additionsprobe.

---

9 Es ist

$5 - (-3) = 8$, weil . . . + . . . = . . .
$3 - \ldots = -1$, weil . . . + . . . = . . .

Ergänze die fehlenden Zahlen.

---

10 Berechne

a) $5 - (-5)$, b) $(-3) - 4$, c) $(-4) - (-8)$

und mache jedesmal die Additionsprobe.

---

11 Die Addition ist die Umkehrung der Subtraktion. Man kann daher das Ergebnis einer Subtraktion prüfen, indem man den . . . . zur Differenz addiert. Erhält man dabei den . . . . , so war die Subtraktion richtig.

Setze die Worte Subtrahend und Minuend an den richtigen Stellen ein. (vgl. C 1).

---

12 Berechne

a) $8 - |(-4) - 3|$,
b) $5 + |[(-8) + (-6)] + (-12)|$,
c) $|3 - 11| - |(-3) - (-11)|$,
d) $5 + [|(-8) + (-6)| + (-12)]$.

G Aggregate

G 1 Terme, in denen mehrere Zahlen addiert oder subtrahiert werden, heißen Aggregate. Ein Beispiel:

$17 - 4 + 8 + 9 - 23 - (-5) + (-3)$.

Um den Wert dieses Aggregates zu berechnen, kannst Du von links beginnend, alle Rechenschritte der Reihe nach ausführen:

$$\begin{aligned} 17 - 4 + 8 + 9 - 23 - (-5) + (-3) &= \\ 13 + 8 + 9 - 23 - (-5) + (-3) &= \\ 21 + 9 - 23 - (-5) + (-3) &= \\ 30 - 23 - (-5) + (-3) &= \\ 7 - (-5) + (-3) &= \\ 12 + (-3) &= \\ 9. \end{aligned}$$

Selbstverständlich brauchst Du bei so einfachen Zahlen nicht jede Zeile hinzuschreiben.

Berechne

$12 - (-1) - 19 + 3 - (-7) + (-8)$.

G 2 Da die Subtraktion einer Zahl zum gleichen Ergebnis führt wie die Addition der entgegengesetzten Zahl, kann man jedes Aggregat als Summe schreiben:

$17 - 5 + 3 + (-7) - 8 - (-3) =$
$17 + (-5) + 3 + (-7) + (-8) + 3.$

Ein anderes Beispiel:

$4a - 3b - 5a + 6b - 7b + 3a =$
$4a + (-3b) + (-5a) + 6b + (-7b) + 3a.$

Schreibe das Aggregat

$5 + (-9) - 8 - (-7) + 1$

als Summe und berechne seinen Wert.

G 3 Das kommutative Gesetz

$a + b = b + a$

und das assoziative Gesetz

$a + (b + c) = (a + b) + c$

gelten sowohl für positive als auch für negative Zahlen. Wenn man ein Aggregat als Summe geschrieben hat, darf man deshalb seine Glieder beliebig vertauschen oder zusammenfassen.

$10 - 3 + 7 + 13 - 7 =$
$10 + (-3) + 7 + 13 + (-7) =$
$10 + [(-3) + 13] + [7 + (-7)] =$
$10 + 10 + 0 = 20.$

Berechne ebenso auf möglichst einfache Art:

$17 - 25 + 38 - (-3) + 25 - 8.$

G 4 Bei einiger Übung kannst Du die Glieder eines Aggregats bereits umordnen, bevor Du das Aggregat in eine Summe umgeschrieben hast. Du mußt dabei darauf achten, daß die positiven Glieder positiv und die negativen Glieder negativ bleiben. Mit andern Worten: Beim Umordnen der Glieder mußt Du die Vorzeichen „mitnehmen". Ein Beispiel:

$50 - 49 + 15 - 1 + 5 =$
$50 - 49 - 1 + 15 + 5 =$

$50 - 50 + 20 = 20.$

Berechne durch geeignetes Umordnen

$22 - 19 + 8 + 21 + 9 - 11$.

G 5 Enthält ein Aggregat Variable, dann ordnest Du so um, daß gleichartige Glieder nebeneinander stehen. Du kannst diese Glieder dann zusammenfassen:

$2a - 3b + 5a + 3a + 2b - 9b =$
$(2a + 5a + 3a) + (-3b + 2b - 9b) =$
$10a + (-10b) = 10a - 10b$.

Bei einiger Übung brauchst Du die zweite Zeile gar nicht mehr anzuschreiben. Du faßt erst alle Vielfachen von a, dann alle Vielfachen von b zusammen.

Vereinfache

$10x - 17y + 23z - 9x - 18z + 9y + 2x$.

G 6 Bei Aggregaten großer Zahlen ist es oft zweckmäßig, so umzuordnen, daß zuerst alle positiven, dann alle negativen Glieder kommen. Ein Beispiel:
$725 - 318 + 211 - 108 - 97 + 304 =$
$725 + 211 + 304 - 318 - 108 - 97 =$
$(725 + 211 + 304) - (318 + 108 + 97) =$
$1240 - 523 = 717$.

Es entsteht so die Regel:

> Man berechnet die Summe eines Aggregats, indem man von der Summe der positiven Glieder die Summe der negativen Glieder abzieht.

Als Formel:

$a + b - c - d + e - f =$
$a + b + e - c - d - f =$
$(a + b + e) - (c + d + f)$.

Den letzten Schritt kannst Du mit der Regel für die Addition negativer Zahlen begründen:

$-c - d - f = +[(-c) + (-d) + (-f)] = -(c + d + f)$.

Berechne

$215 + 803 - 719 - 52 + 21$.

G 7 Die Regel

$$(-c) + (-d) + (-f) = -(c + d + f)$$

gilt auch, wenn die Variablen c, d und f für beliebige ganze Zahlen stehen. Um das nachzuweisen, muß man viele Fälle unterscheiden. Das soll hier nicht geschehen. Wir beschränken uns stattdessen auf ein Beispiel:
Für $c = 3$, $d = -4$, $f = -5$ ergibt die linke Seite der Gleichung 6. Rechts erhältst Du

$$-[3 + (-4) + (-5)] = -[-6] = 6.$$

Die Formel stimmt also für die eingesetzten Zahlen.

Prüfe die Richtigkeit der Formel rechnerisch und zeichnerisch für die Zahlen
$c = -6, \quad d = 2, \quad f = -3.$

G 8 Die Regel

$$(-c) + (-d) + (-f) = -(c + d + f)$$

kannst Du auch von rechts nach links lesen:

$$-(c + d + f) = (-c) + (-d) + (-f); \quad c, d, f \in \mathbb{Z}.$$

Wir wenden sie auf ein Beispiel an:

$2a + 3b - [a + 4b + (-3)] =$
$2a + 3b + (-a) + (-4b) + 3 =$
$2a + 3b - a - 4b + 3 =$
$a - b + 3.$

Man subtrahiert ein Aggregat, indem man seine entgegengesetzten Glieder addiert.

Berechne
$-(3a - 2 - 4b).$

G 9 Steht vor der Klammer ein Pluszeichen, so erhältst Du nach dem assoziativen Gesetz

$$(a + b + e) + (c + d + f) = a + b + e + c + d + f.$$

Jedes Glied behält sein Vorzeichen.
Diese Gleichung zeigt außerdem, daß man eine Klammer am Anfang eines Terms, vor dem gar kein Rechenzeichen steht, zu behandeln hat, als stände ein Pluszeichen davor. So ist zum Beispiel

$(2a + 3b + 5c) - (a + 4b + 6c) + (3a + 9c) =$
$2a + 3b + 5c - a - 4b - 6c + 3a + 9c =$
$4a - b + 8c.$

Berechne

$(3x^2 + 2x + 1) - (4x^2 + 7x) + (3x + 2).$

G 10 Was tut man, wenn in den Klammern, die man weglassen will, Differenzen oder Aggregate stehen?
Betrachte etwa den Term

$a - (b - c + d) + (e + f - g).$

Du kannst die eingeklammerten Aggregate in Summen verwandeln und dann die bisherigen Regeln anwenden. Dann ergibt sich

$a - [b + (-c) + d] + [e + f + (-g)] =$
$a - b + c - d + e + f - g.$

Vergleichst Du das Ergebnis mit dem ursprünglichen Term, so kannst Du die folgende Regel für das Klammerauflösen ablesen:

> Steht vor der Klammer ein Minuszeichen, so erhalten alle Glieder die entgegengesetzten Rechenzeichen. Steht vor der Klammer ein Pluszeichen, so bleiben die Rechenzeichen erhalten.

Ein Anwendungsbeispiel:

$(3x^2 - 1) - (2x + 4 - x^2) + (2x^2 - 3x + 1) =$
$3x^2 - 1 - 2x - 4 + x^2 + 2x^2 - 3x + 1 =$
$6x^2 - 5x - 4.$

Vereinfache

$(2a + 3b) - (a - 2b + 3c) + (2a - 2c + 3b).$

Übungen zu Programm G

1 Schreibe die Aggregate

a) $15 + 3 - 4 - 6 + 11$, b) $11a - 7a + 6a + 5a - 13a$,
c) $11a - 12b + 10a - 13b$

als Summen.

---

2 Fasse zusammen:

a) $5a + 3b - 7a - 9b - 11b + 16a$,

b) $11x + 3x^2 - 5x^2 + 6x - x^2$,

c) $x + 3x^2 - 2x^3 + 7x^2 - x$,

d) $5x^3y - 3ax^2 + 5x^3y - ax^2 + by^3$.

---

3 Berechne

a) $8024 - 1101 - 1604 + 1012 + 13 - 1448$,

b) $5022a - 110a - 1000a + 124a - 160a + 1800a$.

---

4 Löse in folgenden Termen die Klammern auf:

a) $(a - b + c) + (d + e)$, b) $a - (b + c) - d$,

c) $(a - b) + (c - d) - (e + f)$, d) $-(a - b) - (c - d) - (e - f)$.

---

5 Löse die Klammern auf und fasse zusammen:

a) $3a + (b - a) + (b - 2a)$,

b) $a - (b + 2a) + (b + 2a) - 3b$,

c) $x - (x^2 + x) - (x^2 - 2x)$,

d) $ax^2y - (bxy^2 - ax^2y) + (2ax^3y - bxy^2) - ax^2y$.

---

6 Es ist

$a - b - c = a - (b + c)$.

Schreibe auch die folgenden Terme als Differenzen, wobei das erste Glied jedesmal der Minuend werden soll:

a) $5x - 6y - 3z$, b) $x^2 - x + x^3$, c) $3x^2 + x - x^3$.

H Multiplikation und Division mit ganzen Zahlen

H 1 Wir wollen das Produkt zweier positiver ganzer Zahlen geometrisch darstellen. Zeichne dazu zwei Zahlengeraden, die den Nullpunkt gemeinsam haben und aufeinander senkrecht stehen:

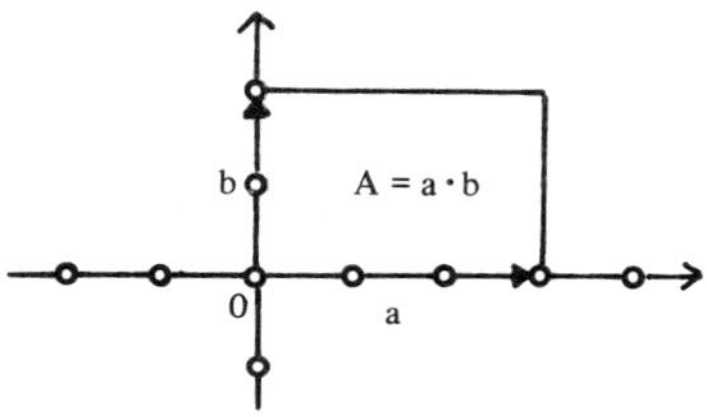

Das Produkt zweier positiver Zahlen a und b läßt sich in diesem „Achsenkreuz“ als Fläche eines Rechtecks mit den Seiten a und b deuten:

$A = a \cdot b$.

Stelle das Produkt $5 \cdot 3$ zeichnerisch dar. Lege dabei den Vektor des ersten Faktors auf die horizontale Zahlengerade.

H 2 Die graphische Darstellung des Produktes

$a(b + c)$; $a; b; c \in \mathbb{N}$

zeigt: Das Rechteck mit den Seiten a und (b + c) zerfällt in zwei Teilrechtecke mit den Flächen ab und ac. Es gilt das *„distributive Gesetz“*:

$a(b + c) = ab + ac$.

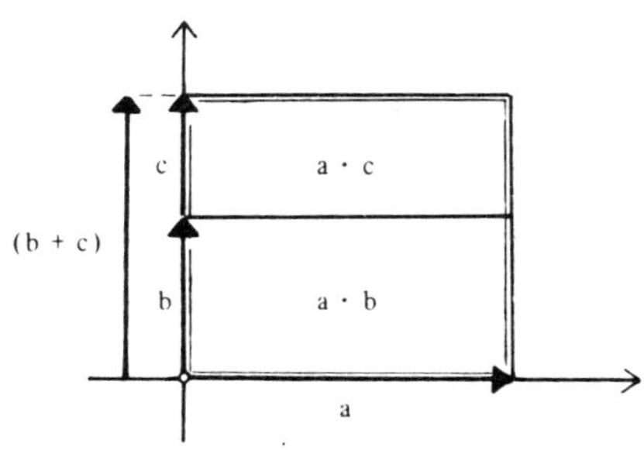

In Worten:

Man multipliziert eine Summe mit einer Zahl, indem man jeden Summanden mit der Zahl multipliziert und die Produkte addiert.

Zeige, daß für $b > c$ auch die Gleichung $a(b - c) = ab - ac$ gilt. Wähle $a = 3$, $b = 7$, $c = 2$ und deute die beiden Seiten der Gleichung zeichnerisch.

H 3 Die Aufgabe

$$5 \cdot (3 - 7) = 5 \cdot (-4)$$

führt auf ein Produkt mit einem negativen Faktor. Wenn die Gleichung $a(b - c) = ab - ac$ auch hier gelten soll, ergibt sich

$$5 \cdot (3 - 7) = 5 \cdot 3 - 5 \cdot 7 = 15 - 35 = -20.$$

Wir vereinbaren daher:

$5 \cdot (-4) = -20$ oder deutlicher: $(+5) \cdot (-4) = -20$.

Allgemein gilt:

$$a(-b) = -ab; \quad a, b \in \mathbb{N}.$$

Was ist $20 \cdot (-7)$?

H 4 Beim Multiplizieren mit natürlichen Zahlen kannst Du die Faktoren vertauschen. Es ist

$$ab = ba; \quad a; b \in \mathbb{N}.$$

Wir fordern, daß das kommutative Gesetz auch für ganze Zahlen gelten soll. Das ist nur möglich, wenn

$a(-b) = (-b)a = -ab$ ist.

Was ist $(-12) \cdot (+5)$?

H 5 Versuchen wir nun, eine Regel für $(-a) \cdot (-b)$ zu finden. Es ist

$$(-a) \cdot (b - b) = (-a) \cdot 0 = 0.$$

Wenn wir verlangen, daß das distributive Gesetz für beliebige ganze Zahlen gelten soll, ergibt sich

$$0 = (-a) \cdot (b - b) = (-a) \cdot [b + (-b)] = (-a) \cdot b + (-a)(-b).$$

$(-a) \cdot (-b)$ muß demnach die entgegengesetzte Zahl zu $(-a) \cdot b = -ab$, also $a \cdot b$ sein. Wir setzen daher fest:

$$(-a) \cdot (-b) = ab.$$

Was ist $[(-3) \cdot (-4)] \cdot (-5)$?

H 6 Die Festsetzungen, die wir getroffen haben, lassen sich in den folgenden „Vorzeichenregeln“ zusammenfassen:

$$\begin{array}{l} + \cdot + = + \\ + \cdot - = - \\ - \cdot + = - \\ - \cdot - = + \end{array}$$

Diese Regeln führen zu keinem Widerspruch; mit ihnen gelten sämtliche Rechengesetze.

Formuliere das kommutative Gesetz der Multiplikation für ganze Zahlen.

H 7 Mit den Vorzeichenregeln gilt auch das distributive Gesetz für ganze Zahlen:

$$a(b + c) = ab + ac; \quad a; b; c \in Z.$$

Die Gültigkeit dieses Gesetzes überprüfen wir lediglich an Beispielen. So gilt für $a = (-3)$, $b = (+5)$, $c = (+2)$:

$(-3) \cdot [(+5) + (+2)] = (-3) \cdot (+7) = -21$

und

$(-3) \cdot [(+5) + (+2)] = (-3) \cdot (+5) + (-3) \cdot (+2) = (-15) + (-6) =$
$= -21.$

Ob Du zuerst die Klammer ausrechnest oder jedes Glied mit (-3) multiplizierst, das Ergebnis ist das gleiche.

Prüfe das distributive Gesetz für

$a = (-1)$, $b = (-2)$, $c = (-3)$.

H 8 Bei Termen der Form

$(3x - 2y)(-5z)$

multiplizierst Du jedes der beiden Glieder in der Klammer mit $(-5z)$ und beachtest die Vorzeichenregeln. Also:

$(3x - 2y) \cdot (-5z) = 3x(-5z) + (-2y)(-5z) = -15xz + 10yz.$

Berechne

$(-2x - y) \cdot (-3z)$.

H 9 Du kannst auch das assoziative Gesetz der Multiplikation auf ganze Zahlen anwenden.

$$abc = (ab)c = a(bc); \quad a; b; c \in Z.$$

Überzeuge Dich an einigen Beispielen. Rechne $(+3) \cdot (-4) \cdot (+5)$ auf zweierlei Weisen aus:

$[(+3) \cdot (-4)] \cdot (+5) = (-12) \cdot (+5) = -60$,
$(+3) \cdot [(-4) \cdot (+5)] = (+3) \cdot (-20) = -60$.

Beide Rechnungen liefern das gleiche Ergebnis.

Zeige, daß das assoziative Gesetz auch für

a) $a = (-1)$, $b = (-2)$, $c = (-3)$ und
b) $a = (+2)$, $b = (-3)$, $c = (-4)$

gilt.

H 10 Das assoziative Gesetz läßt sich auf beliebig viele Faktoren erweitern. So ist

$(-5) \cdot (+6) \cdot (-3) \cdot (+5) =$
$[(-5) \cdot (+6)](-3) \cdot (+5) =$
$[(-30) \cdot (-3)] \cdot (+5) =$
$(+90) \cdot (+5) = 450$.

Berechne $(-1) \cdot (+2) \cdot (-1) \cdot (-2) \cdot (+1) \cdot (-2)$.

H 11 Nach dem assoziativen Gesetz ist

$(-1) \cdot (-1) = +1$,
$(-1) \cdot (-1) \cdot (-1) = -1$,
$(-1) \cdot (-1) \cdot (-1) \cdot (-1) = +1$,

oder kurz

$(-1)^2 = +1$,
$(-1)^3 = -1$,
$(-1)^4 = +1$.
. . . .

Was ist $(-1)^{12} + (-1)^{13}$?

H 12 Es ist

$(-a)^4 = (-a)(-a)(-a)(-a) = (+a^2)(+a^2) = a^4$.

$(-a)^4$ und $-a^4$ ist also nicht das gleiche.

Welche der folgenden Aussageformen sind wahr?

a) $(-a)^5 = -a^5$, b) $-(-a)^3 = a^3$, c) $(-a)^6 = -a^6$.

H 13 Ist in der Potenz $(-a)^n$ der Exponent n eine gerade Zahl, so heben sich die negativen Vorzeichen paarweise auf; ist dagegen n ungerade, so bleibt ein Minuszeichen übrig. Es gilt also

$(-a)^n = a^n$, falls n gerade,
$(-a)^n = -a^n$, falls n ungerade.

Was ist $(-1)^n + (-1)^{n+1}$; $n \in \mathbb{N}$?

H 14 Terme wie $(-a)^5 \cdot (-b)^4$ lassen sich vereinfachen:

$(-a)^5 \cdot (-b)^4 = (-a^5) \cdot (+b^4) = -a^5 b^4$.

Vereinfache den Term

$(-a)^3 \cdot (-a)^5 \cdot (-b)^3$.

H 15 Die Vorzeichenregeln für Divisionen machen wenig Schwierigkeiten. Du brauchst nur zu beachten, daß die Division die Umkehrung der Multiplikation ist.

Aus $12 = 2 \cdot 6$ folgt $2 = 12 : 6$ und $6 = 12 : 2$.
Ebenso folgt aus $6 \cdot (-2) = -12$ die Gleichung $(-12) : 6 = -2$.
Wenn Du also eine negative Zahl durch eine positive teilst, ist das Ergebnis negativ.

Was ergibt $(-12) : (-2)$? Was erhältst Du demnach, wenn Du eine negative Zahl durch eine negative teilst?

H 16 Die Vorzeichenregeln für die Division lauten in Kurzform

+ : + = +
– : + = –
– : – = +
+ : – = –

Leite aus dem Produkt $(-3) \cdot (-4) = 12$ die Regel über die Division einer positiven durch eine negative Zahl ab.

H 17 Bei Termen wie $(-12) : (-3) \cdot (-5)$ führst Du die Rechenoperationen nacheinander durch und beachtest dabei die Vorzeichenregeln:

$(-12) : (-3) \cdot (-5) = 4 \cdot (-5) = -20.$

Was ist $(-24) : [2 \cdot (-3)] : (-4)$?

Übungen zu Programm H

1 Was ist

a) $(+5) \cdot (-2)$, b) $(-3) \cdot (-6)$,
c) $(-6) : (-3)$, d) $12 : (-4)$?

---

2 Berechne

a) $(+4) \cdot (-3) \cdot (-2)$, b) $(-2) \cdot (-3) \cdot (-4)$,
c) $(-1) \cdot (-2) \cdot (-3) \cdot (-4)$.

---

3 Welche Vorzeichen haben die Terme

a) $(-5)^{12} \cdot (-3)^{11}$, b) $(-1)^3 \cdot (-2)^3 \cdot (-3)^3$,
c) $(-7)^5 \cdot (-9)^{15} \cdot (-11)^{25}$?

---

4 Eine Potenz mit negativer Basis ist ...., wenn der Exponent geradzahlig ist. Sie ist negativ, wenn der Exponent .... ist. Ergänze die fehlenden Wörter.

---

5 Vereinfache

a) $(3\,p)^2\,(-2\,q)^3$, b) $(-4\,a)^2\,(4\,b)^3$, c) $(-2\,x)^3\,(+3\,x)^2$.

---

6 Vereinfache

a) $(-2\,x)^2\,(-y)^3\,(-4\,z)^4$, b) $(-5\,x)\,(-10\,x)^2$.

---

7 Berechne auf zwei verschiedene Weisen

a) $[(-3) + (+1)] \cdot (-4)$, b) $[(+4) - (+8)] \cdot (-1)$.

---

8 Vereinfache durch Ausmultiplizieren der Klammern und Zusammenfassen

a) $(x - y) z + (y - z) x$, b) $(3x - y) x - (y - z) x$,
c) $(3a + b) \cdot (-1) + (a - b) \cdot 3$.

---

9 Vereinfache

a) $(x^2 y - x y^2) xy - (x y^2 - 2 y^3) x^2$,
b) $(2 a^5 b + a^4 b^2) b + (3 a^3 b^2 - a^2 b^3) a^2$.

Es folgt der zweite Test. Prüfe also bitte Deinen Lernerfolg. Beantworte die Testfragen der Reihe nach und schlage dann erst die Lösungen nach.

Test II

Aufgabe F
a) Berechne $(-5) - (-3)$ und mache die Additionsprobe.
b) Wie groß ist $(-8) + |(-4) - (-3)|$?

Aufgabe G
Berechne das Aggregat

$3a^2 - (4b - 7a^2) + (-3b + 6a^2)$.

Wie sieht das Aggregat als Summe geschrieben aus?

Aufgabe H
Vereinfache

$(-8x + 4y - 2z) \cdot (-8z) + [(-12) : (-2)] yz$.

Hast Du die Testfragen alle richtig beantwortet? – Dann gehe weiter zu Programm I oder, wenn Du das Buch nur zur Wiederholung verwendest, zu Test III auf Seite 83.
Konntest Du dagegen die Fragen nicht oder nur fehlerhaft beantworten, wiederhole die vorhergehenden Programme und Übungen und zwar:
Programm F, wenn Du Aufgabe F,
Programm G, wenn Du Aufgabe G,
Programm H, wenn Du Aufgabe H
nicht lösen konntest.

III. Teil: Rechnen mit Brüchen

Wir haben bisher ausschließlich mit ganzen Zahlen gerechnet. Es gibt jedoch sehr einfache Aufgaben, die sich mit ganzen Zahlen nicht lösen lassen. Beispiel: 3 dividiert durch 5. Wir werden daher den Zahlenbereich noch einmal erweitern durch Hinzunahme der Brüche. So entsteht die „Menge der rationalen Zahlen", abgekürzt $\mathbb{Q}$. Wir werden feststellen, welche Rechengesetze in diesem Zahlenbereich gelten und das praktische Rechnen mit Brüchen üben. Dabei wird einiges wiederholt, was Du schon in früheren Klassen gelernt hast.

I Größter gemeinsamer Teiler und kleinstes gemeinsames Vielfaches

I 1 Die Zahl 12 läßt sich auf verschiedene Weisen als Produkt natürlicher Zahlen darstellen:

$12 = 1 \cdot 12,$
$12 = 2 \cdot 6,$
$12 = 3 \cdot 4,$
$12 = 2 \cdot 2 \cdot 3 = 2^2 \cdot 3.$

Da 12 durch jeden der hier auftretenden Faktoren teilbar ist, heißen die Faktoren auch „Teiler“. Die Teiler von 12 sind 1, 2, 3, 4, 6 und 12.

Gib sämtliche Teiler von a) 120 und b) 29 an.

I 2 13 hat nur zwei Teiler, nämlich 13 und 1.

> Natürliche Zahlen, die nur zwei Teiler haben – nämlich 1 und die Zahl selbst – heißen „Primzahlen“. Natürliche Zahlen, die mehr als zwei Teiler haben, heißen „zusammengesetzte Zahlen“.

Die Zahl 1 rechnet nicht zu den Primzahlen und ist auch nicht zusammengesetzt. Die kleinste Primzahl ist 2.

Welche der folgenden Zahlen sind Primzahlen, welche zusammengesetzte?

a) 11, b) 45, c) 120, d) 221.

I 3 Jede zusammengesetzte Zahl läßt sich als Produkt von Primzahlen darstellen:

$21 = 3 \cdot 7$ oder $100 = 2^2 \cdot 5^2$.

Diese Darstellungen heißen „Primfaktorzerlegungen“.

Wie heißen die Primfaktorzerlegungen von 150 und 240?

I 4 Aus den Primfaktordarstellungen zweier natürlicher Zahlen kannst Du bequem die gemeinsamen Teiler ablesen. So haben

$84 = 2^2 \cdot 3 \cdot 7$ und
$108 = 2^2 \cdot 3^3$

die Teiler 2; 2^2; 3; $2 \cdot 3$; $2^2 \cdot 3$ gemeinsam. 7 ist kein gemeinsamer Teiler, denn 7 ist in 108 als Faktor nicht enthalten.
3^2 ist auch kein gemeinsamer Teiler, denn er ist in 84 nicht enthalten.
$2^2 \cdot 3 = 12$ ist der größte Teiler, den 84 und 108 gemeinsam haben.

> Man nennt die größte natürliche Zahl, durch die zwei oder mehr natürliche Zahlen teilbar sind, den größten gemeinsamen Teiler (ggT) dieser Zahlen.

Bestimme den größten gemeinsamen Teiler von 188 und 1600.

I 5 Für das Rechnen mit Brüchen ist neben dem größten gemeinsamen Teiler auch das „kleinste gemeinsame Vielfache" – abgekürzt kgV – wichtig. Notiere die „Vielfachen" von 8 und 12:

8 16 24 32 40 48 56 64 ....

12 24 36 48 60 ....

Die Zahlen, die in beiden Zeilen auftreten, sind die „gemeinsamen" Vielfachen. Von den gemeinsamen Vielfachen 24, 48, 72, . . ist 24 das kleinste. Oder: 24 ist die kleinste Zahl, die sich sowohl durch 8 als auch durch 12 teilen läßt.

> Das kleinste gemeinsame Vielfache von zwei oder auch mehr natürlichen Zahlen ist die kleinste natürliche Zahl, die sich durch alle diese Zahlen teilen läßt.

Bestimme das kleinste gemeinsame Vielfache von 16 und 40.

I 6 Das kleinste gemeinsame Vielfache größerer Zahlen findest Du, wenn Du die Zahlen in Primfaktoren zerlegst.

$144 = 2^4 \cdot 3^2$,

$160 = 2^5 \cdot 5$,

$100 = 2^2 \cdot 5^2$.

Du siehst aus dieser Darstellung: Wenn das kleinste gemeinsame Vielfache durch 160 teilbar sein soll, muß es mindestens fünf Faktoren 2 haben. Die Teilbarkeit durch 144 verlangt außerdem noch zwei Faktoren 3 und die Teilbarkeit durch 100 zwei Faktoren 5. Also ist das kgV $= 2^5 \cdot 3^2 \cdot 5^2 = 7200$.

Bestimme das kleinste gemeinsame Vielfache von 16, 60 und 80.

I 7 Die Zahlen 35 und 39 haben, wie die Primfaktordarstellungen zeigen, keine gemeinsamen Faktoren.

$35 = \quad 5 \cdot 7$

$39 = 3 \cdot \quad 13$

$\text{kgV} = 3 \cdot 5 \cdot 7 \cdot 13 = 1365$

Das kgV ist das Produkt der Zahlen.

> Haben zwei Zahlen außer 1 keinen gemeinsamen Faktor, heißen sie „relativ prim“ oder „teilerfremd“. In diesem Fall ist das kleinste gemeinsame Vielfache das Produkt der Zahlen.

Was ist das kgV von 9, 37 und 40?

I 8 Willst Du sowohl den größten gemeinsamen Teiler als auch das kleinste gemeinsame Vielfache bestimmen, machst Du Dir am besten folgendes Schema:

$120 = 2^3 \cdot 3 \cdot 5$

$240 = 2^4 \cdot 3 \cdot 5$

$144 = 2^4 \cdot 3^2$

$\text{kgV} = 2^4 \cdot 3^2 \cdot 5 = 720$

$\text{ggT} = 2^3 \cdot 3 \quad = 24$

Für das kgV nimmst Du die höchste *vorkommende* Potenz in jeder Spalte, für den ggT die kleinste vorkommende Potenz.

Berechne kgV und ggT von 16, 24, 30.

Übungen zu Programm I

1 Welche der Zahlen

1, 2, 17, 343, 729

sind Primzahlen?

---

2 Gib zu

225, 6000 und 323

die Primfaktorzerlegungen an.

---

3 Gib zu 12 und 40 sämtliche gemeinsamen Teiler an.

4 Gib zu 10 und 12 drei gemeinsame Vielfache an.

5 Gib zu den folgenden Zahlen den ggT und das kgV an.

a) 12; 7, b) 24; 40, c) 16; 30; 50, d) 8; 12; 26; 10.

6 Welche der natürlichen Zahlen zwischen 1 und 10 sind zu 6 teilerfremd?

J Rationale Zahlen auf der Zahlengeraden

J 1 Die Division 5 : 7 läßt sich im Bereich der ganzen Zahlen nicht ausführen. Das Ergebnis ist ein „Bruch“:

$5 : 7 = \frac{5}{7}$.

Auf dem Bruchstrich steht der „Zähler“, darunter der „Nenner“. Um den Bruch $\frac{5}{7}$ auf der Zahlengeraden darzustellen, teilst Du den Vektor von 0 nach 1 in sieben gleiche Teile. Jeder Teil ist $\frac{1}{7}$. Fünf dieser Teile ergeben dann $\frac{5}{7}$.

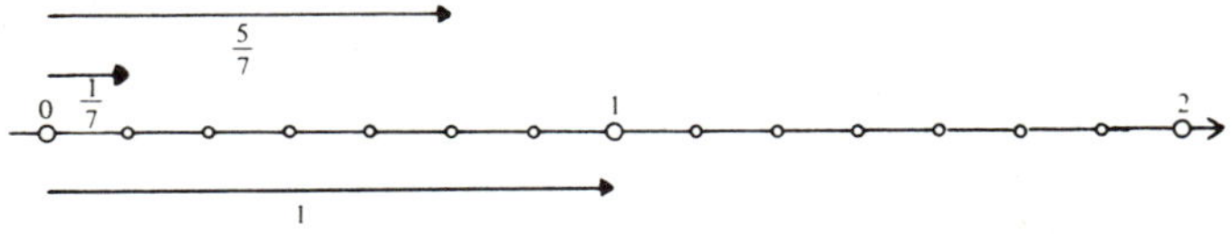

> Der Nenner eines Bruches gibt an, in wie viele Teile der Einheitsvektor geteilt wird. Der Zähler sagt, wie viele dieser Teilvektoren aneinandergehängt werden sollen.

Stelle das Ergebnis der Division 12 : 5 auf der Zahlengeraden dar.

J 2 Du kannst Brüche nicht nur durch Vektoren, sondern auch durch deren Endpunkte auf der Zahlengeraden darstellen. Dazu mußt Du die Vektoren vom Nullpunkt aus abtragen. Diese Darstellung ist besonders bequem für den Größenvergleich zweier Brüche. Denn auch hier gilt die Regel:

> Je weiter rechts ein Punkt auf der Zahlengeraden, desto größer die Zahl, die er darstellt.

Welcher der Brüche $\frac{2}{3}$ oder $\frac{3}{4}$ ist größer? Antworte mit einer Ungleichung und deute Deine Antwort auf der Zahlengeraden.

J 3 Es gibt auch negative Brüche. Sie entstehen, wenn man eine negative Zahl durch eine positive teilt oder umgekehrt.

$\frac{-5}{3}$ ist nach der Vorzeichenregel „– : + = –" gleich $-\frac{5}{3}$. Auf der Zahlengeraden trägst Du $\frac{-5}{3}$ vom Nullpunkt aus nach links ab.

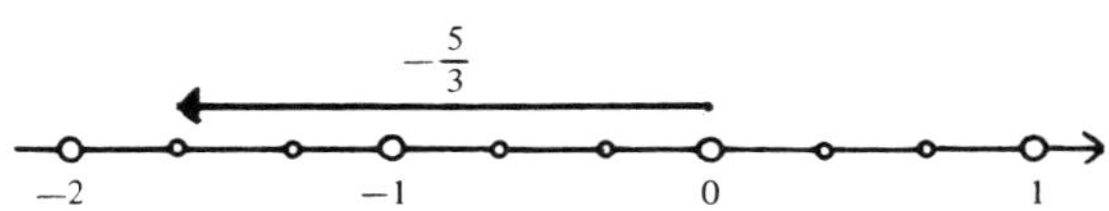

Stelle $-\frac{1}{3}$ und $-\frac{12}{3}$ als Vektoren auf der Zahlengeraden dar.

J 4 $-\frac{1}{3}$ ist größer als $-\frac{1}{2}$. Denn $-\frac{1}{3}$ liegt auf der Zahlengeraden weiter rechts als $-\frac{1}{2}$.

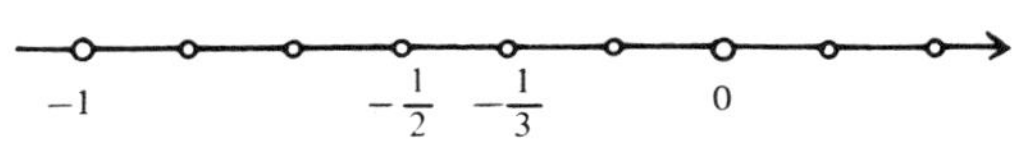

Welche der folgenden Aussagen sind wahr?

a) $\frac{2}{3} > \frac{-1}{2}$, b) $\frac{-3}{4} < \frac{-4}{5}$, c) $\frac{-5}{3} > -2$.

J 5 Sind bei einem Bruch Zähler und Nenner gleich, so hat der Bruch den „Wert" 1. Du siehst das leicht ein, wenn Du auf der Zahlengeraden $\frac{5}{5}$ darstellst.

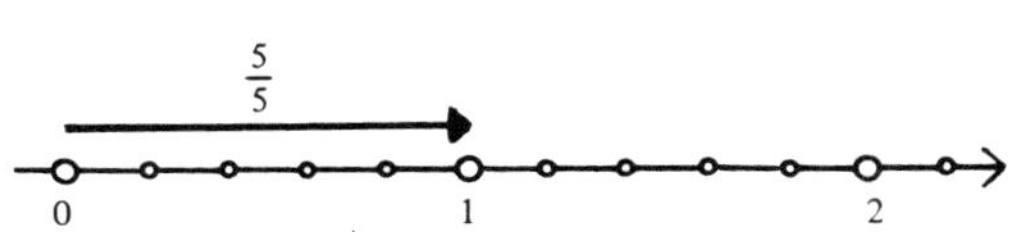

Der Pfeil hat die Länge 1.

Schreibe diese Regel als Aussageform.

J 6 Du kannst jede ganze Zahl als Bruch darstellen. So ist, wie die Skizze zeigt, $2 = \frac{6}{3}$.

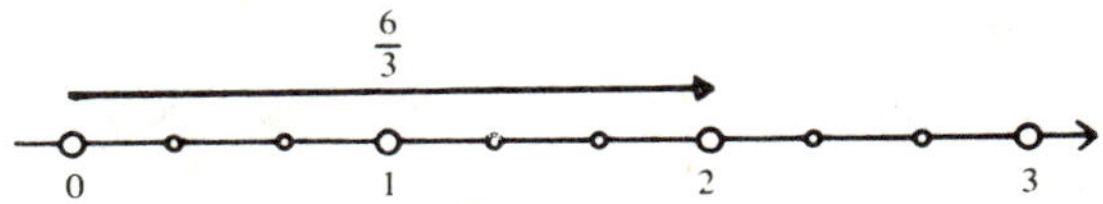

Schreibe 5 als Bruch mit dem Nenner 7.

J 7 Zahlen, die sich in der Form

$\frac{p}{q}$; $p, q \in Z$, aber $q = 0$

darstellen lassen, heißen „Brüche" oder „rationale Zahlen". Das Zeichen für die Menge der rationalen Zahlen ist $\mathbb{Q}$.

Gilt auch $3 \in \mathbb{Q}$?

J 8 Jede ganze Zahl läßt sich darstellen in der Form

$a = \frac{a}{1}$,

ist also eine rationale Zahl.

Die Menge der ganzen Zahlen ist demnach eine echte Teilmenge der Menge der rationalen Zahlen.

Schreibe diese Aussage in Zeichen.

Übungen zu Programm J

1 Stelle die Brüche

$\frac{-2}{3}$; $\frac{-4}{3}$; $\frac{-1}{2}$

auf der Zahlengeraden dar und ordne sie der Größe nach.

---

2 Welche der folgenden Aussagen sind wahr?

a) $\frac{-1}{3} > \frac{-1}{2}$, b) $\frac{-2}{3} < \frac{3}{4} < \frac{5}{7}$, c) $\left|-\frac{1}{2}\right| < \frac{1}{3}$.

---

3 Stelle die Zahlen 3, 5 und -2 als Brüche mit dem Nenner 4 dar.

---

4 Ist Null ein Element der Menge der rationalen Zahlen?

K Erweitern und Kürzen

K 1 Vergleiche die Brüche $\frac{2}{3}$ und $\frac{4}{6}$ auf der Zahlengeraden.

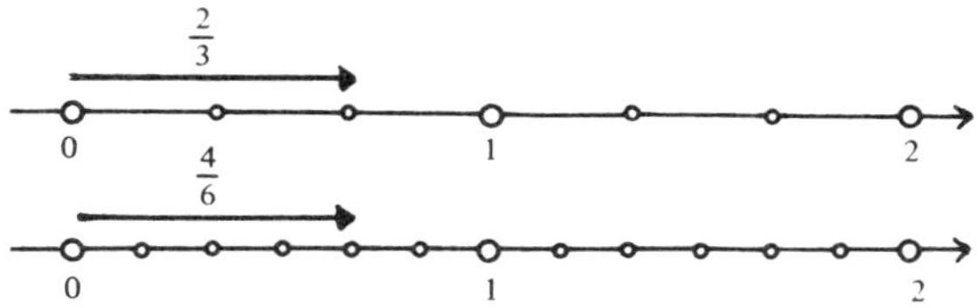

Beide Vektoren sind gleich lang. Sie stellen also die gleiche Zahl dar. Allgemein gilt:

> Der „Wert“ eines Bruches ändert sich nicht, wenn Du Zähler und Nenner mit der gleichen Zahl multiplizierst oder durch die gleiche Zahl dividierst.

In Zeichen:

$$\frac{a \cdot c}{b \cdot c} = \frac{a}{b}$$

Schreibe $\frac{8}{12}$ mit den Nennern 3 und 24.

K 2 Das Dividieren von Zähler und Nenner durch die gleiche Zahl heißt „Kürzen“.

> Durch Kürzen ändert sich der Wert eines Bruches nicht.

So ist

$\frac{25}{35} = \frac{5}{7}$.

Du hast hier Zähler und Nenner durch 5 geteilt oder den Bruch „mit 5 gekürzt".

Kürze $\frac{17}{34}$, $\frac{20}{10}$, $\frac{120}{65}$ und $\frac{42}{65}$ so weit als möglich.

K 3 Welches ist die größte Zahl, mit der sich der Bruch

$\frac{1575}{819}$

kürzen läßt?
Zur Lösung dieser Aufgabe zerlegst Du Zähler und Nenner in Primfaktoren:

$1\,575 = 3^2 \cdot 7 \cdot 5^2$

$819 = 3^2 \cdot 7 \cdot 13$

Die gesuchte Zahl ist der größte gemeinsame Teiler $3^2 \cdot 7 = 63$.

Der gekürzte Bruch ist $\frac{25}{13}$.

Kürze $\frac{765}{2160}$ so weit als möglich.

K 4 Beim Kürzen negativer Brüche kümmerst Du Dich zunächst nicht um das Vorzeichen, sondern kürzt den absoluten Betrag des Bruches. Das Vorzeichen findest Du dann nach den Vorzeichenregeln der Division:

$\frac{-34}{51} = -\frac{2}{3}$ oder $\frac{-15}{-25} = \frac{3}{5}$.

Kürze

a) $\frac{-13}{39}$, b) $\frac{-20}{-45}$, c) $\frac{-60}{72}$, d) $\left|\frac{-77}{56}\right|$.

K 5 Du kannst auch Variable „wegkürzen".

$\frac{xy}{xz} = \frac{y}{z}$

ist eine allgemein gültige Aussageform, falls x und z ungleich Null sind. Diese Voraussetzung mußt Du machen, damit der Term sinnvoll ist. Denn im Nenner darf keine Null stehen.

Kürze

$$\frac{3x}{5x} \text{ und } \frac{25ab}{5a}.$$

Unter welchen Voraussetzungen sind die Brüche sinnvoll?

K 6 Der Term

$$\frac{a}{3a} \quad (a \neq 0)$$

läßt sich durch a kürzen. Schreibe im Zähler $1 \cdot a$; Du erhältst

$$\frac{1 \cdot a}{3 \cdot a} = \frac{1}{3}.$$

Kürze

$$\frac{abc}{ab}.$$

K 7 Im Term

$$\frac{40x}{16xy}$$

haben Zähler und Nenner die Faktoren 8 und x gemeinsam. Du kannst sie wegkürzen.

$$\frac{40x}{16xy} = \frac{8x \cdot 5}{8x \cdot 2y} = \frac{5}{2y}.$$

Selbstverständlich sind hier, ebenso wie in den folgenden Beispielen die Werte der Variablen auszuschließen, für die der Nenner Null wird.

Kürze

$$\frac{4xy^2z}{8x^2yz}$$

soweit als möglich.

K 8 Zähler und Nenner mit der gleichen Zahl multiplizieren heißt „Erweitern".

Beim Erweitern ändert sich der Wert eines Bruches nicht.

So ist

$$\frac{5a}{b} = \frac{15a}{3b} \text{ oder auch } = \frac{5a^2}{ab}.$$

Im ersten Fall ist der Bruch mit 3, im zweiten Fall mit a erweitert.

Erweitere $\frac{3ab}{c}$ mit a.

K 9 Wir bringen die Brüche

$\frac{5}{6}$ und $\frac{3}{7}$

auf den Nenner 42. Dazu erweitern wir den ersten Bruch mit 7 und den zweiten mit 6:

$$\frac{5}{6} = \frac{5 \cdot 7}{6 \cdot 7} = \frac{35}{42}; \quad \frac{3}{7} = \frac{3 \cdot 6}{7 \cdot 6} = \frac{18}{42}.$$

Beide Brüche haben nun den gleichen Nenner. Sie sind „gleichnamig".

Mache die Brüche $\frac{1}{3}$, $\frac{1}{5}$ und $\frac{1}{7}$ gleichnamig.

K 10 Welcher Bruch ist größer,

$\frac{5}{6}$ oder $\frac{7}{9}$?

Um diese Frage zu entscheiden, bringst Du beide Brüche auf einen „gemeinsamen Nenner", etwa auf 18:

$$\frac{5}{6} = \frac{5 \cdot 3}{6 \cdot 3} = \frac{15}{18}; \quad \frac{7}{9} = \frac{7 \cdot 2}{9 \cdot 2} = \frac{14}{18}.$$

Du erkennst:

$\frac{15}{18} > \frac{14}{18}$, also $\frac{5}{6} > \frac{7}{9}$.

Ist die Aussage $\frac{7}{12} > \frac{3}{4}$ wahr?

K 11 Willst Du Brüche mit größeren Nennern wie

$\frac{1}{240}$ und $\frac{1}{72}$

gleichnamig machen, zerlegst Du die Nenner in ihre Primfaktoren:

$240 = 2^4 \cdot 3 \cdot 5$

$72 = 2^3 \cdot 3^2$

Der kleinste gemeinsame Nenner der beiden Brüche ist das kgV der beiden Nenner, also $2^4 \cdot 3^2 \cdot 5 = 720$. Mit dem gemeinsamen Nenner lauten dann die beiden Brüche

$$\frac{1}{240} = \frac{3}{720} \text{ und } \frac{1}{72} = \frac{10}{720}.$$

Mache die Brüche

$$\frac{1}{150}; \quad \frac{1}{125}; \quad \frac{1}{250}$$

gleichnamig.

K 12 Wir üben das Gleichnamigmachen zum Schluß noch mit Variablen. Die Brüche

$$\frac{1}{a^2 b}, \quad \frac{1}{a b^2}, \quad \frac{1}{ab}$$

haben den gemeinsamen Nenner $a^2 b^2$. Also

$$\frac{1}{a^2 b} = \frac{b}{a^2 b^2}; \quad \frac{1}{a b^2} = \frac{a}{a^2 b^2}; \quad \frac{1}{ab} = \frac{ab}{a^2 b^2}.$$

Mache $\frac{c}{a}$; $\frac{a}{c^2}$; $\frac{1}{ac}$ gleichnamig.

Übungen zu Programm K

1 Kürze die folgenden Brüche so weit wie möglich

a) $\frac{28}{70}$, b) $\frac{25\,ab}{35\,a}$, c) $\frac{32\,a^2 b^3}{16\,a b^4}$.

Welchen Einschränkungen sind a und b unterworfen?

---

2 Kürze

a) $\frac{-85}{34}$, b) $\frac{-120}{-300}$, c) $\left|\frac{-44}{50}\right|$.

---

3 Kürze

a) $\frac{a^2 bc}{a b^2 c^2}$, b) $\frac{4 x^2 y z^3}{8 x y^2 z^2}$, c) $\frac{27 ab x^2}{18 a^2 x}$, d) $\frac{-40 x^2 z}{60 xz}$.

4 Kürze

a) $\frac{819}{182}$, b) $\frac{2255}{3157}$.

5 Bringe den Bruch $\frac{31}{17}$ auf den Nenner

a) 85, b) $102 a^2 b$.

6 Mache die folgenden Brüche gleichnamig:

a) $\frac{1}{7}; \frac{2}{3}$, b) $\frac{3}{8}; \frac{5}{4}$, c) $\frac{3}{18}; \frac{5}{14}$, d) $\frac{21}{20}; \frac{13}{18}$.

7 Bringe die folgenden Brüche auf den kleinsten gemeinsamen Nenner und ordne sie der Größe nach.

a) $\frac{3}{4}; \frac{7}{8}; \frac{5}{12}$, b) $-\frac{2}{7}; -\frac{3}{8}; \left|-\frac{1}{2}\right|$, c) $\frac{17}{3}; \frac{11}{6}; \frac{11}{15}$.

8 Mache

a) $\frac{1}{10 a^2 bc}; \frac{1}{5 a b^2 c}; \frac{1}{15 a^3 c}$, b) $\frac{c}{a^2 b}; \frac{a}{b^2 c}; \frac{b}{c^2 a}$.

gleichnamig.

L Addition und Subtraktion rationaler Zahlen

L 1 Die Addition gleichnamiger Brüche machst Du Dir auf der Zahlengeraden klar. Beispiel:

$\frac{2}{3} + \frac{5}{3}$.

Du hängst, wie Du es von ganzen Zahlen her gewohnt bist, die Pfeile aneinander. Der einzige Unterschied: Die Einheit ist jetzt nicht mehr 1, sondern ein Drittel.

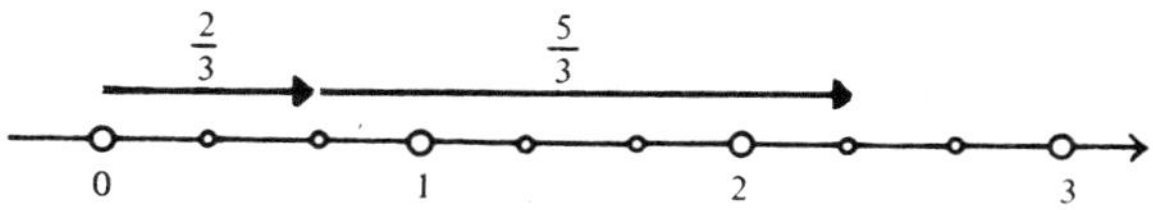

$\frac{2}{3} + \frac{5}{3} = \frac{7}{3}$.

Allgemein ergibt sich die Regel:

> Gleichnamige Brüche werden addiert, indem man die Zähler addiert und den Nenner beibehält.

Schreibe diese Additionsregel als Formel. Darfst Du für die Variablen alle Zahlen aus $\mathbb{Z}$ in die Formel einsetzen?

L 2 Du subtrahierst die gleichnamigen Brüche $\frac{a}{c}$ und $\frac{b}{c}$ nach der Regel

$$\frac{a}{c} - \frac{b}{c} = \frac{a-b}{c}; \qquad a, b, c \in \mathbb{Z}, \text{ aber } c \neq 0.$$

Führe diese Subtraktion auf der Zahlengeraden mit $a = 2, b = 6$ und $c = 5$ aus.

L 3 Addition und Subtraktion gleichnamiger Brüche unterscheiden sich von Addition und Subtraktion ganzer Zahlen lediglich darin, daß jede Vektorlänge in kleinerem Maßstab gemessen wird, etwa in Fünfteln oder Achteln. Daher gelten die Gesetze der Addition auch für rationale Zahlen:

$$a + b = b + a; \quad a, b \in \mathbb{Q}.$$
$$a + (b + c) = (a + b) + c; \quad a, b, c \in \mathbb{Q}.$$

Diese Gesetze kannst Du auch rechnerisch begründen. So ist

$$\frac{p}{n} + \frac{q}{n} = \frac{p+q}{n} = \frac{q+p}{n} = \frac{q}{n} + \frac{p}{n}; \quad p, q, n \in \mathbb{Z},$$

wobei $n \neq 0$.

Mit diesen Grundgesetzen der Addition gelten auch alle abgeleiteten Regeln für Brüche, insbesondere die Rechenregeln für Aggregate.

Berechne $\frac{5}{7} + \frac{9}{7} - \frac{3}{7}$.

L 4 Die Additions- und Subtraktionsregeln gelten für gleichnamige Brüche. Haben die Brüche verschiedene Nenner, machst Du sie vor dem Addieren oder Subtrahieren gleichnamig. Das geht immer.

> Der bequemste gemeinsame Nenner ist das kleinste gemeinsame Vielfache der einzelnen Nenner oder der „Hauptnenner".

Beispiel:

$$\frac{1}{8} + \frac{1}{12} = \frac{3}{24} + \frac{2}{24} = \frac{5}{24}.$$

Bilde die Differenz

$$\frac{5}{12} - \frac{13}{18},$$

indem Du beide Brüche auf den Hauptnenner bringst.

L 5 Die Summe der Brüche $\frac{1}{a}$ und $\frac{1}{b}$ erhältst Du, wenn Du beide auf den gemeinsamen Nenner $a \cdot b$ bringst.

$$\frac{1}{a} + \frac{1}{b} = \frac{b}{ab} + \frac{a}{ab} = \frac{a+b}{ab}.$$

Es sei nun $a, b \in \mathbb{N}$ und $a > b$. Welcher der Brüche $\frac{1}{a}$ und $\frac{1}{b}$ ist dann der größere? Wie groß ist die Differenz?

L 6 Bei der Addition gemischter Zahlen addierst Du die ganzen Zahlen und Brüche getrennt:

$$3\frac{2}{3} + 7\frac{13}{15} + 5\frac{5}{6} = (3 + 7 + 5) + (\frac{2}{3} + \frac{13}{15} + \frac{5}{6}) = 15\frac{71}{30} = 17\frac{11}{30}.$$

Berechne $2\frac{5}{7} + 3\frac{5}{12} + 4\frac{5}{6}$.

L 7 Gemischte Zahlen subtrahierst Du nach folgenden Beispielen:

$$5\frac{3}{8} - 2\frac{7}{12} = 5\frac{9}{24} - 2\frac{14}{24} = 4\frac{33}{24} - 2\frac{14}{24} = 2\frac{19}{24},$$

$$4\frac{2}{5} - 7\frac{4}{5} = \frac{22}{5} - \frac{39}{5} = -\frac{17}{5} = -3\frac{2}{5}$$

oder auch

$$4\frac{2}{5} - 7\frac{4}{5} = -(7\frac{4}{5} - 4\frac{2}{5}) = -3\frac{2}{5}.$$

Berechne $7\frac{3}{14} - 2\frac{5}{6} - 3\frac{1}{4} + 6\frac{13}{21}$.

Fasse dabei die Glieder mit Plus- und die mit Minuszeichen zunächst zusammen.

L 8 Die Dezimalzahl 3,25 kannst Du als Summe aus einer ganzen Zahl und Dezimalbrüchen schreiben:

$$3{,}25 = 3 + \frac{25}{100} = 3 + \frac{2}{10} + \frac{5}{100}.$$

In dem Additionsschema von Dezimalbrüchen

$$\begin{array}{r} 3{,}25 \\ +\ \underline{2{,}43} \\ 5{,}68 \end{array}$$

addierst Du also die Hundertstel, die Zehntel und die Ganzen je für sich.

a) Berechne $2{,}14 - 3{,}15 + 5{,}16 - 1{,}13 - 1{,}12$.
b) Gleich welcher gemischten Zahl ist die Dezimalzahl 7,45?

L 9 Bei komplizierteren Brüchen wie

$\frac{11}{160}$ und $\frac{7}{48}$

ist der Hauptnenner nicht immer auf Anhieb erkennbar. Du findest ihn nach dem Schema

$$\begin{array}{ll|l} 160 & = 2^5 \cdot \quad 5 & 3 \\ 48 & = 2^4 \cdot 3 & 2 \cdot 5 \\ \hline \text{HN} & = 2^5 \cdot 3 \cdot 5 = 480 & \end{array}$$

In der letzten Spalte stehen genau die Faktoren, die zum Hauptnenner noch fehlen. Mit ihnen mußt Du die Brüche erweitern, um auf den Hauptnenner zu kommen. Also

$$\frac{11}{160} = \frac{33}{480}; \qquad \frac{7}{48} = \frac{70}{480}.$$

Berechne

$$\frac{13}{160} + \frac{1}{150}.$$

L 10 Die Primfaktorzerlegung der einzelnen Nenner kannst Du auch bei mehreren Summanden anwenden. Im Beispiel

$$\frac{17}{720} + \frac{11}{180} + \frac{12}{270}$$

ergibt sich das Schema

$$\begin{array}{lll|l} 720 & = & 2^4 \cdot 3^2 \cdot 5 & 3 \\ 180 & = & 2^2 \cdot 3^2 \cdot 5 & 2^2 \cdot 3 = 12 \\ 270 & = & 2 \cdot 3^3 \cdot 5 & 2^3 \quad = 8 \\ \hline \mathrm{HN} & = & 2^4 \cdot 3^3 \cdot 5 & \\ \mathrm{HN} & = & 2160. & \end{array}$$

Du erhältst also

$$\frac{17}{720} + \frac{11}{180} + \frac{12}{270} = \frac{51}{2160} + \frac{132}{2160} + \frac{96}{2160} = \frac{279}{2160} = \frac{31}{240}.$$

Berechne

$$\frac{1}{320} + \frac{1}{180} + \frac{1}{240}.$$

L 11 Bei der Summe

$$\frac{c}{a^2 b} + \frac{c^2}{a b^3} + \frac{a}{bc}$$

ist der Hauptnenner $a^2 b^3 c$.

Du erhältst also

$$\frac{b^2 c^2}{a^2 b^3 c} + \frac{a c^3}{a^2 b^3 c} + \frac{a^3 b^2}{a^2 b^3 c} = \frac{b^2 c^2 + a c^3 + a^3 b^2}{a^2 b^3 c}.$$

Berechne

$$\frac{x}{y^2} - \frac{y}{x^2} + \frac{1}{xy}.$$

Übungen zu Programm L

1 Berechne

a) $\frac{1}{8}+\frac{5}{8}+\frac{3}{8}$, b) $\frac{2}{5}-\frac{3}{5}+\frac{4}{5}+\frac{3}{5}$.

Schreibe das Ergebnis als gemischte Zahl.

---

2 Berechne

a) $5\frac{1}{3}a+6\frac{1}{3}a-8\frac{2}{3}a$, b) $4\frac{2}{5}x-3\frac{3}{5}x$, c) $8\frac{2}{3}-6\frac{2}{3}-4\frac{2}{3}+1\frac{1}{3}$.

---

3 Berechne

a) $\frac{1}{8}+\frac{1}{4}$, b) $\frac{1}{27}-\frac{2}{9}$, c) $\frac{1}{6}+\frac{1}{10}-\frac{2}{3}+\frac{5}{12}$.

---

4 Berechne

a) $2{,}1+\frac{1}{3}$, b) $1{,}25-1\frac{3}{5}$, c) $7{,}13\,a+\frac{7}{25}a$.

---

5 Berechne

a) $\frac{7}{12}-\frac{5}{20}+\frac{6}{15}$, b) $\frac{11}{20}-\frac{9}{5}+\frac{2}{15}$.

---

6 Berechne

a) $2a-\frac{3}{7}a$; b) $2\frac{1}{12}b-3\frac{4}{9}b$; c) $x^2y-\frac{x^2y}{3}-\frac{x^2y}{4}$.

---

7 Was ist

a) $\frac{1}{720}+\frac{29}{480}$; b) $\frac{11}{1040}-\frac{5}{560}$; c) $\frac{59}{480}+\frac{71}{200}$?

---

8 Fasse zusammen:

a) $3{,}4\,a-4{,}2\,b-3{,}1\,a+1{,}6\,b$;

b) $0{,}278\,a+0{,}354\,b-1{,}234\,b+0{,}876\,a$.

---

9 Vereinfache:

a) $\frac{x^2}{ab^3}+\frac{x}{3a^2b^2}+\frac{1}{a^3b}$; b) $\frac{a}{b^5c^7}+\frac{3b^2}{a^3c}+\frac{7ac}{b^4}$.

M Multiplikation und Division rationaler Zahlen

M 1 Das Produkt zweier Brüche kann man als Rechtecksfläche darstellen. Wir orientieren uns am Beispiel

$\frac{3}{2} \cdot \frac{5}{3}$.

Du teilst den Einheitsvektor auf der horizontalen Achse in zwei, den Einheitsvektor auf der vertikalen Achse in drei gleiche Teile. Dadurch zerfällt das Einheitsquadrat in sechs gleiche Rechtecke.

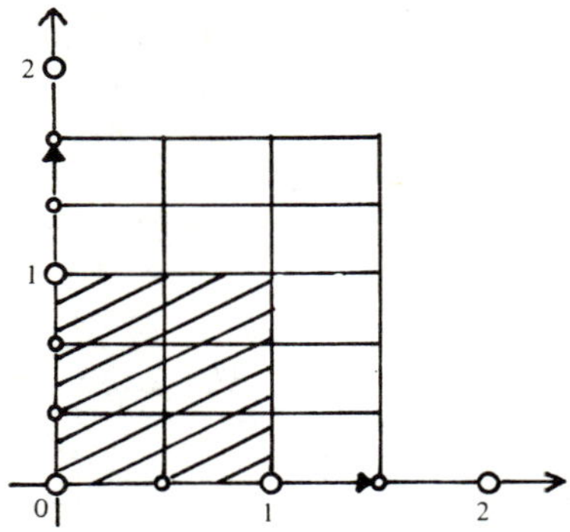

Der Inhalt jeder dieser Teilflächen ist $\frac{1}{6}$. Die Vektoren mit den Längen $\frac{3}{2}$ und $\frac{5}{3}$ spannen ein Rechteck auf, das aus $3 \cdot 5 = 15$ Teilrechtecken besteht. Also ist

$\frac{3}{2} \cdot \frac{5}{3} = \frac{15}{6}$.

Allgemein gilt:

$$\frac{a}{b} \cdot \frac{c}{d} = \frac{a \cdot c}{b \cdot d}; \quad a, b, c, d \in \mathbb{Z} \text{ mit } b \neq 0, d \neq 0.$$

oder in Worten:

Man multipliziert zwei Brüche, indem man Zähler mit Zähler und Nenner mit Nenner multipliziert.

Berechne das Produkt

$$\frac{7}{11} \cdot \frac{3}{2}.$$

M 2 Der Flächeninhalt eines Rechtecks ist unabhängig davon, in welcher Reihenfolge man die Seiten multipliziert. Daher gilt das kommutative Gesetz der Multiplikation auch für rationale Zahlen. Ebenso kannst Du auch das assoziative Gesetz von den ganzen auf die rationalen Zahlen übertragen.

a, b und c seien rationale Zahlen. Formuliere kommutatives und assoziatives Gesetz der Multiplikation und gib dabei die Grundmenge an.

M 3 Da sich jede Zahl als Bruch darstellen läßt, kannst Du die Multiplikationsregel auch auf die Multiplikation eines Bruches mit einer ganzen Zahl anwenden. Es ist

$$5 \cdot \frac{7}{3} = \frac{5}{1} \cdot \frac{7}{3} = \frac{35}{3}$$

oder allgemein

$$c \cdot \frac{a}{b} = \frac{c \cdot a}{b}; \qquad a, b, c \in \mathbb{Z}; \qquad b \neq 0.$$

Berechne

$$7 \cdot \frac{2}{5} \cdot \frac{3}{8}.$$

M 4 In dem Produkt

$$\frac{15}{-2} \cdot \frac{-6}{25}$$

mußt Du auf die Vorzeichenregeln der Multiplikation und Division achten:

$$\frac{15}{-2} \cdot \frac{-6}{25} = \left(\frac{-15}{2}\right) \cdot \left(\frac{-6}{25}\right) = \frac{15}{2} \cdot \frac{6}{25} = \frac{15 \cdot 6}{2 \cdot 25}.$$

Bevor Du Zähler und Nenner ausmultiplizierst, untersuchst Du, ob sich der Bruch kürzen läßt:

$$\frac{15 \cdot 6}{2 \cdot 25} = \frac{3 \cdot 5 \cdot 2 \cdot 3}{2 \cdot 5 \cdot 5} = \frac{9}{5}.$$

Vereinfache

$$\frac{39}{5} \cdot \frac{-15}{42}$$

soweit als möglich.

M 5 Wir multiplizieren die Brüche

$$\frac{a^2 \cdot b}{c^4} \text{ und } \frac{a\,c^3}{b}:$$

$$\frac{a^2\,b}{c^4} \cdot \frac{a\,c^3}{b} = \frac{a^2\,b \cdot a\,c^3}{c^4 \cdot b} = \frac{a^3}{c}.$$

Du kannst das Zwischenglied weglassen. Wenn Du sicher genug bist, kürzt Du den Zähler des ersten Bruches mit dem Nenner des zweiten ebenso wie den Zähler des zweiten mit dem Nenner des ersten, bevor Du die Brüche zu einem zusammenfaßt.

Was ist $\frac{a\,x^2}{y} \cdot \frac{a\,y^2}{x} \cdot \frac{1}{a^2\,xy}$?

M 6 Nach der Multiplikationsregel ist

$$\frac{a}{b} \cdot \frac{b}{a} = 1.$$

Man bezeichnet $\frac{b}{a}$ als den „Kehrwert" oder den „Reziprokwert" von $\frac{a}{b}$. Umgekehrt ist $\frac{a}{b}$ der Kehrwert von $\frac{b}{a}$.

Was sind die Kehrwerte von $\frac{2}{3}$, $-\frac{1}{2}$ und 3?

M 7 Die Division ist die Umkehrung der Multiplikation. Es ist $18 : 6 = 3$, weil $3 \cdot 6 = 18$ ist.
Ebenso gilt

$$\frac{2}{3} : \frac{7}{5} = \frac{2}{3} \cdot \frac{5}{7}, \quad \text{weil} \quad \frac{2}{3} \cdot \frac{5}{7} \cdot \frac{7}{5} = \frac{2}{3},$$

oder

$$\frac{4}{3} : \frac{7}{9} = \frac{4}{3} \cdot \frac{9}{7}, \quad \text{weil} \quad \frac{4}{3} \cdot \frac{9}{7} \cdot \frac{7}{9} = \frac{4}{3}.$$

Du kannst aus den letzten beiden Zeilen die Regel ablesen:

> Man dividiert zwei Brüche, indem man den ersten mit dem Kehrwert des zweiten multipliziert.

In Zeichen:

$$\frac{a}{b} : \frac{c}{d} = \frac{a}{b} \cdot \frac{d}{c} .$$

Beweise die Richtigkeit dieser Formel, indem Du den Quotienten mit dem Divisor multiplizierst.

M 8 Nach der Divisionsregel ist

$$\frac{a^2\,bc}{d^2\,e} : \frac{a\,b^2\,c^2}{d\,e^2} = \frac{a^2\,b\,c \cdot d\,e^2}{d^2\,e \cdot a\,b^2\,c^2} = \frac{ae}{bcd} .$$

Berechne

$$\frac{a\,x^2\,y^2}{b\,z^3} : \frac{a^2\,x\,y^3}{b\,z^2} .$$

M 9 Mit der Divisionsregel kannst Du auch einen Bruch durch eine ganze Zahl dividieren. Denn jede ganze Zahl läßt sich als Bruch mit dem Nenner 1 schreiben:

$$\frac{5}{7} : 8 = \frac{5}{7} : \frac{8}{1} = \frac{5}{7} \cdot \frac{1}{8} = \frac{5}{56} .$$

Berechne

$$\frac{a^2}{b} : 2\,a .$$

M 10 Gemischte Zahlen schreibst Du, bevor Du sie multiplizierst oder dividierst, als Brüche:

$$7\frac{1}{3} \cdot 1\frac{2}{5} = \frac{22}{3} \cdot \frac{7}{5} = \frac{154}{15} ,$$

$$6\frac{1}{5} : 3\frac{2}{7} = \frac{31}{5} : \frac{23}{7} = \frac{31}{5} \cdot \frac{7}{23} = \frac{217}{115} .$$

Berechne

$$2\frac{1}{3} \cdot \left(-1\frac{3}{5}\right) : 5\frac{1}{8} .$$

M 11 Anstelle eines Doppelpunktes findest Du häufig einen länger oder fetter geschriebenen Bruchstrich. Beide Zeichen besagen das gleiche. So ist

$$\frac{\frac{a^2}{b}}{\frac{a}{b^2}}$$

dasselbe wie

$$\frac{a^2}{b} : \frac{a}{b^2} = \frac{a^2}{b} \cdot \frac{b^2}{a}.$$

Durch Kürzen erhältst Du $a \cdot b$.

Berechne

$$\frac{\frac{x}{yz}}{\frac{x}{y^2 z}}$$

Übungen zu Programm M

1 Multipliziere aus und kürze:

a) $\frac{2}{3} \cdot \frac{4}{5}$, b) $\frac{7}{17} \cdot \frac{34}{21}$, c) $\frac{r}{s} \cdot \frac{s}{t}$.

---

2 Multipliziere aus und kürze:

a) $\frac{33\,a^2}{12\,b^2} \cdot \frac{5\,b^2}{a} \cdot \frac{ab}{11}$, b) $\left(\frac{3\,xy}{4\,z}\right)^2$,

c) $\left(-\frac{a\,x^2}{b}\right) \cdot \left(-\frac{b\,y^2}{a^2}\right)$, d) $\frac{-c\,x^3\,y^7}{z^2} \cdot \frac{-z^3}{c\,x^2\,y^8}$.

---

3 Berechne

a) $5 : \frac{7}{3}$, b) $\frac{6}{7} : 8$, c) $\frac{3}{5} : \frac{7}{4}$.

---

4 Mit welcher Zahl muß man

a) $\frac{7}{3}$, b) 5, c) $\frac{1}{28}$

multiplizieren, um $\frac{2}{3}$ zu erhalten?

---

5 Berechne

a) $5\frac{2}{3}a : 3$, b) $2 : 3\frac{1}{5}$, c) $4\frac{2}{5}xy : 3\frac{1}{5}$.

---

6 Schreibe

a) $\frac{\frac{7}{8}}{\frac{5}{3}}$, b) $\frac{\frac{7}{6}}{2}$, c) $\frac{5}{\frac{3}{4}}$

mit einem einzigen Bruchstrich und vereinfache die Brüche.

---

7 Vereinfache so weit wie möglich

a) $\frac{5p}{6q} : \frac{10r}{3q}$, b) $a : \frac{a^2}{b}$, c) $\frac{\frac{a^2x}{c}}{ax}$.

---

8 Vereinfache so weit wie möglich

a) $\frac{4x^2y}{9nv^2} : \frac{8xy^2}{27n^2v}$, b) $\left(\frac{x}{a} : \frac{b}{a}\right) : \frac{b}{x}$,

---

N Verbindung der vier Grundrechenarten mit rationalen Zahlen

N 1 Kommen in einer Aufgabe verschiedene Rechenzeichen nebeneinander vor, beachtest Du die Regel „Punkt geht vor Strich!“. Sie gilt auch für das Rechnen mit Brüchen.
Du rechnest also

$$\frac{4}{5} \cdot \frac{3}{7} : \frac{8}{35} - \frac{6}{35} : \frac{4}{7} = \frac{4 \cdot 3 \cdot 35}{5 \cdot 7 \cdot 8} - \frac{6 \cdot 7}{35 \cdot 4} = \frac{3}{2} - \frac{3}{5 \cdot 2} = \frac{15}{10} - \frac{3}{10} = \frac{12}{10} = \frac{6}{5}$$

Was ist $3\frac{1}{3} \cdot 2 + 5\frac{1}{3} : 8$?

N 2 Ein Beispiel mit Variablen:

$$\frac{a^2}{b} : \frac{a^3}{2c} \cdot \frac{ab}{c} - \frac{a}{c} : \frac{3b}{c} = \frac{a^2 \cdot 2c \cdot ab}{b \cdot a^3 \cdot c} - \frac{a \cdot c}{c \cdot 3b} = 2 - \frac{a}{3b} = \frac{6b - a}{3b}.$$

Berechne

$$4a^2 : \frac{a}{3} + \frac{5a}{2b} : \frac{3}{b}.$$

N 3 Ein weiteres Beispiel:

$$\frac{5}{2}a^2 b : \left(\frac{5}{4}a b^2\right) - 3ab \cdot \frac{2}{b^2} \cdot \frac{b^2}{a^2} = \frac{5a^2 b \cdot 4}{2 \cdot 5ab^2} - \frac{3ab \cdot 2 \cdot b^2}{b^2 \cdot a^2} =$$

$$\frac{2a}{b} - \frac{6b}{a} = \frac{2a^2 - 6b^2}{ab}.$$

Vereinfache:

$$\frac{5abc}{d} : \frac{ab^2c}{d}.$$

N 4 Soll eine Addition vor einer Multiplikation oder Division ausgeführt werden, setzt Du eine Klammer. Du kennst das vom Rechnen mit natürlichen Zahlen:

$$\frac{3}{4}\left(\frac{a}{3} + \frac{a}{5}\right) = \frac{3}{4}\left(\frac{5a}{15} + \frac{3a}{15}\right) = \frac{3}{4} \cdot \frac{8a}{15} = \frac{3 \cdot 8a}{4 \cdot 15} = \frac{2a}{5}.$$

Berechne:

$$1 - \frac{2}{3} \cdot \left(\frac{1}{6} \cdot \frac{4}{7} - \frac{2}{3} : \frac{7}{2}\right).$$

N 5 Der Term

$$\left[\frac{a^2 b}{5} : \left(\frac{ab}{5} + \frac{ab}{10}\right)\right] \cdot \frac{a}{4}\left(\frac{b}{3} + \frac{2b}{5}\right)$$

enthält zwei runde Klammern. Die erste Klammer hat den Wert $\frac{3ab}{10}$, die zweite den Wert $\frac{11b}{15}$.

Somit ergibt sich

$$\left[\frac{a^2 b}{5} : \frac{3 ab}{10}\right] \cdot \frac{a}{4} \cdot \frac{11 b}{15} = \frac{a^2 b \cdot 10 \cdot a \cdot 11 b}{5 \cdot 3 ab \cdot 4 \cdot 15} = \frac{11 a^2 b}{90} .$$

Berechne:

$$\frac{15 x^2}{4}\left(\frac{3}{5} ab - \frac{7}{10} ab\right) : \frac{ab}{25} .$$

N 6 In dem Term

$$\left[\left(\frac{a^2}{5} + \frac{2 a^2}{7}\right) : 3\frac{2}{5} a - \frac{3 a}{7}\right] \cdot \frac{a}{8}$$

berechnest Du zunächst die innere runde Klammer:

$$\frac{a^2}{5} + \frac{2 a^2}{7} = \frac{17 a^2}{35} .$$

Es ergibt sich:

$$\left[\frac{17 a^2}{35} : \frac{17}{5} a - \frac{3 a}{7}\right] \cdot \frac{a}{8} = \left[\frac{17 a^2 \cdot 5}{35 \cdot 17 a} - \frac{3 a}{7}\right] \cdot \frac{a}{8} =$$

$$\left[\frac{a}{7} - \frac{3 a}{7}\right] \cdot \frac{a}{8} = \left(-\frac{2 a}{7}\right) \cdot \frac{a}{8} = -\frac{a^2}{28} .$$

Berechne:

$$\left[\left(\frac{a}{c} + \frac{2 a}{c}\right) \cdot ab - \frac{a^2 b}{2 c}\right] : \frac{a^2 b^2}{2} .$$

N 7 Um Multiplikationen und Additionen miteinander zu verbinden, braucht man das distributive Gesetz. Es gilt auch für das Rechnen mit Brüchen. Das Rechteck aus (a + b) und c zerfällt stets in zwei Teilrechtecke mit den Flächen $a \cdot c$ und $b \cdot c$. Es ist dabei gleichgültig, ob die Seitenlängen ganze Zahlen oder Brüche sind.

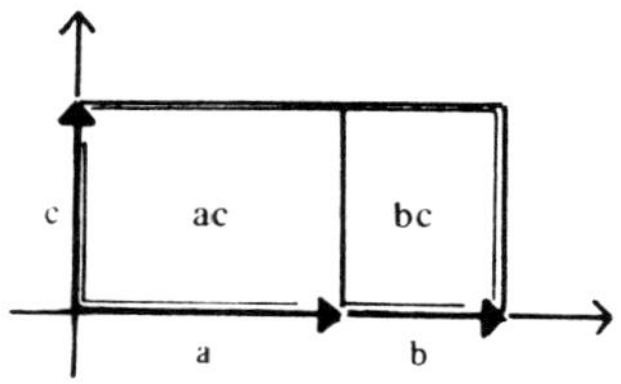

Für den rechnerischen Nachweis setzt Du voraus, daß die Brüche bereits gleichnamig gemacht worden sind. Dann ist

$$\frac{a}{b}\left(\frac{p}{n}+\frac{q}{n}\right)=\frac{a}{b}\cdot\frac{p+q}{n}=\frac{a(p+q)}{bn}=\frac{ap+aq}{bn}=\frac{ap}{bn}+\frac{aq}{bn}=\frac{a}{b}\cdot\frac{p}{n}+\frac{a}{b}\cdot\frac{q}{n}.$$

Weise nach, daß das distributive Gesetz für den Term

$$\frac{2}{3}\left(\frac{3}{5}+\frac{4}{7}\right)$$

gilt.

N 8 Das distributive Gesetz gestattet Dir, Terme wie

$$\frac{ab}{c^2}\left(\frac{1}{a}+\frac{b\,c^2}{d}\right).$$

auszumultiplizieren:

$$\frac{ab}{c^2}\left(\frac{1}{a}+\frac{b\,c^2}{d}\right)=\frac{ab}{c^2\,a}+\frac{abb\,c^2}{c^2\,d}=\frac{b}{c^2}+\frac{a\,b^2}{d}.$$

Multipliziere

$$\frac{b^2+bc}{a} \text{ mit } \frac{a^2}{c}.$$

Übungen zu Programm N

1 Berechne:

a) $\frac{4}{3}\cdot\frac{9}{7}:\frac{14}{5}$, b) $\left[\frac{5}{9}:\frac{2}{9}\right]\cdot\frac{7}{3}$, c) $3\frac{1}{2}\cdot 5\frac{2}{3}:2\frac{1}{6}$,

d) $\left[1:\frac{3}{4}\right]\cdot 2\frac{1}{5}$.

---

2 Vereinfache:

a) $\frac{a^2}{b}\cdot\frac{a^5}{b^2\,c}:\frac{a^7\,b}{c^3}$, b) $\frac{a\,x^2\,y}{bz}\cdot\frac{a\,b^2\,z^2}{x}:\left(\frac{ab\,z^2}{xy}\right)^2$,

c) $\left[\frac{3\,ax}{2\,b}:\frac{6\,a^2\,x}{5\,b}\right]\cdot\frac{3\,a^2\,b^2}{xy}:\frac{a^3\,b^3}{x^2\,y}$.

---

3 Was ist

a) $\frac{3}{2} \cdot \frac{2}{9} + \frac{8}{3} : \frac{5}{4}$, b) $\frac{2}{3} + \frac{5}{6} \cdot 2 : 2\frac{1}{2}$,

c) $3\frac{1}{2} \cdot 2\frac{1}{3} : 2\frac{1}{5} - 2\frac{2}{3} \cdot 5\frac{1}{2}$?

---

4 Vereinfache soweit als möglich:

a) $\frac{2\,a}{b^2} \cdot \frac{a}{bc} - \frac{a^2}{b} : b^2\,c$,

b) $\frac{a(x^2\,y)^2}{3\,b^2} : \frac{ab\,x^3}{6} - \frac{2\,a^2\,x^4}{3} \cdot \frac{b^2}{a}$.

---

5 Multipliziere aus und fasse zusammen:

a) $\frac{x}{y}\left(1 - \frac{y}{x}\right) + \frac{y}{x}\left(1 - \frac{x}{y}\right)$,

b) $\frac{2\,ab}{c}\left(\frac{1}{a} + \frac{1}{b}\right) - \frac{a}{bc}$.

---

6 Vereinfache:

a) $\left[\left(\frac{a}{b} + \frac{b}{a}\right)ab + a^2 - b^2\right] : \frac{ab}{3}$,

b) $\left[a\left(\frac{a\,x^2}{b} + \frac{y^2}{a}\right) + 1\right] : \frac{a\,b^2}{x}$.

Fühlst Du Dich nun im Bruchrechnen stark genug? – Dann beweise es mit folgendem Test:

Test III

Aufgabe I

Bestimme zu 600, 760 und 180 den größten gemeinsamen Teiler und das kleinste gemeinsame Vielfache.

Aufgabe J
Markiere die Zahlen

$$\frac{3}{2}\,;\; -\frac{3}{2}\,;\; -\frac{1}{3}\,;\; \frac{1}{4}\,;\; 5$$

auf der Zahlengeraden und ordne sie der Größe nach. Bilde zu jeder dieser Zahlen den Kehrwert und ordne die Kehrwerte ebenfalls der Größe nach.

Aufgabe K
Mache die folgenden Brüche gleichnamig:

$$3 \cdot \frac{a\,b^4}{c^2}\,;\; \frac{5\,a}{c}\,;\; \frac{2\,a\,b^3}{c^5}\,;\; \frac{a\,d^8}{d^6}\,.$$

Aufgabe L
Schreibe auf einen Bruchstrich:

$$\frac{0{,}4\,a\,x^2}{b} + 3\frac{1}{2}\,a\,x^2 - \frac{5\,ay}{b^2\,c}\,.$$

Aufgabe M
Vereinfache:

$$\left[\left(\frac{a\,x^2\,y^2}{b^3}\right)^3 : \frac{a^2\,x^2\,y^2}{b^9}\right] \cdot \frac{5\,ay}{x}\,.$$

Aufgabe N
Multipliziere aus und vereinfache:

$$\frac{3\,a^2\,b}{c}\left(\frac{c^2}{a\,b^2} - \frac{c}{a^2\,b}\right) + \frac{5\,a\,b^2}{c^2}\left(\frac{c}{a^2\,b} - \frac{c^2}{a\,b^2}\right) - \frac{5\,b}{ac}\,.$$

Hast Du alle sechs Aufgaben geschafft? – Dann bearbeite bitte das Programm O. Falls Du das Buch nur zur Wiederholung verwendest, löse die Aufgaben von Test IV auf Seite 97. Wenn nicht alles glatt ging, sieh Dir die letzten Programme und Übungen noch einmal an:

Programm I bei Fehlern in Aufgabe I,
Programm J bei Fehlern in Aufgabe J,
Programm K bei Fehlern in Aufgabe K,
Programm L bei Fehlern in Aufgabe L,
Programm M bei Fehlern in Aufgabe M,
Programm N bei Fehlern in Aufgabe N.
Danach mache weiter mit Programm O.

IV. Teil: Summen und Produkte

Du hast bereits einige Terme durch Umformungen vereinfacht. Für das praktische Rechnen mit allgemeinen Zahlen sind zwei Typen von Termumformungen besonders wichtig: das Verwandeln von Produkten in Summen und umgekehrt das Verwandeln von Summen in Produkte. Beide Rechenoperationen dienen in erster Linie dem Vereinfachen von Termen. Die erste Operation wendest Du an, wenn Du ähnliche Glieder zusammenfassen willst. Die zweite Operation ist vor allem für das Bruchrechnen wichtig. Sie ermöglicht das Kürzen komplizierterer Ausdrücke.

O Ausmultiplizieren von Klammern

O 1 Zwei Summen multiplizierst Du, indem Du das distributive Gesetz zweimal anwendest:

$(a + b)(c + d) = a(c + d) + b(c + d) = ac + ad + bc + bd.$

Dabei entsteht eine Summe von vier Produkten. Für positive Zahlen a, b, c, d bedeutet das: Die Rechtecksfläche $(a + b)(c + d)$ zerfällt in vier Teilflächen ac, ad, bc und bd.

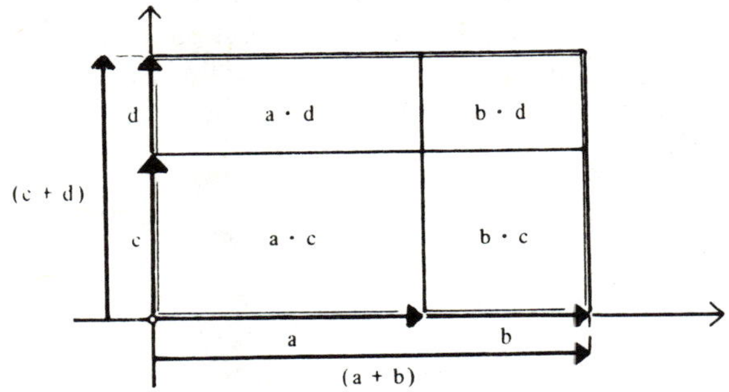

Berechne $(a + b + c)(d + e)$ und stelle das Ergebnis zeichnerisch dar. Wähle für die Zeichnung

$a = 4,\ b = 5,\ c = 3,\ d = 2,\ e = 1.$

O 2 Du kannst das distributive Gesetz auch auf das Produkt zweier beliebiger Aggregate anwenden. Du schreibst dazu die Aggregate als Summen oder stellst sie Dir als Summen geschrieben vor. So ist

$(a + b)(c - d) = (a + b)[c + (-d)] = ac - ad + bc - bd.$

> Man multipliziert zwei Aggregate, indem man jedes Glied des einen Aggregats mit jedem Glied des anderen multipliziert und dabei die Vorzeichenregeln beachtet.

Es ist also

$(a + b)(c - d) = ac - ad + bc - bd.$

Du kannst diese Gleichung geometrisch deuten:

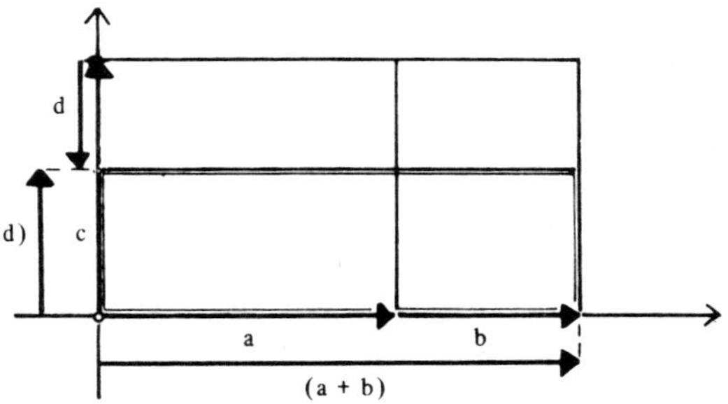

Von den beiden großen Rechtecksflächen ac und bc werden die beiden kleinen ad und bd abgezogen.

Berechne $(a - b)(c - d)$ und prüfe das Ergebnis für $a = 5$, $b = 2$, $c = 8$ und $d = 10$.

O 3 Du kannst nun beliebige Differenzen und Summen miteinander multiplizieren. So ist

$(2x - y)(x - 2y) = 2x \cdot x - 2x \cdot 2y - y \cdot x + y \cdot 2y$.

Die assoziativen Gesetze der Addition und Multiplikation ermöglichen weitere Vereinfachungen:

$2x^2 - 4xy - xy + 2y^2 = 2x^2 - 5xy + 2y^2$.

Multipliziere $\left(4a - \frac{b}{2}\right)(3a + \frac{1}{2})$ aus.

O 4 Durch „Ausmultiplizieren“ von Klammern kannst Du Produkte von Aggregaten in ein einziges Aggregat umwandeln. Das Produkt

$(2a + 3ay - 4bz)(x - 4ay)$

ist gleich dem Aggregat

$2ax + 3axy - 4bxz - 8a^2y - 12a^2y^2 + 16abyz$.

Stelle auch das Produkt

$(a + 4b + c)(ab - 3b - 2c)$

als Aggregat dar.

O 5 Besonders wichtig sind Produkte mit gleichen Faktoren wie

$(a + b)(a + b)$ oder kurz $(a + b)^2$.

Durch Ausmultiplizieren erhältst Du

$(a + b)(a + b) = a^2 + ab + ab + b^2$.

Die beiden Produkte ab lassen sich zu einem Glied zusammenfassen.
Es gilt also die Formel

$$(a + b)^2 = a^2 + 2ab + b^2.$$

Für positive Zahlen a und b ist die geometrische Deutung einfach: Das Quadrat mit der Seitenlänge (a + b) zerfällt in die Quadrate a^2 und b^2 und in zwei flächengleiche Rechtecke $a \cdot b$.

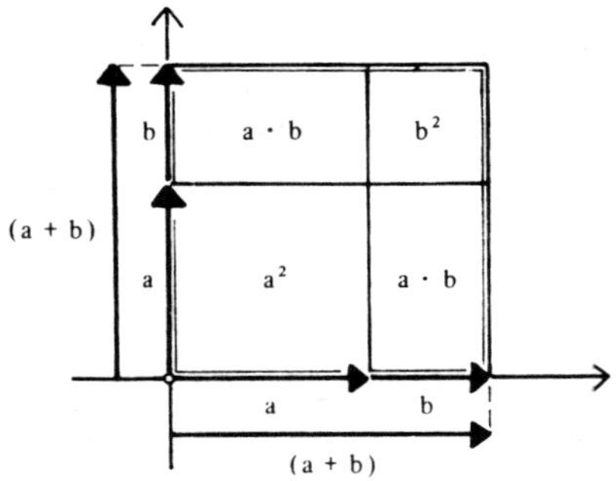

Berechne $(a - b)^2$.

O 6 Mit der Formel

$(a + b)^2 = a^2 + 2ab + b^2$

kannst Du Terme wie

$(3x + 4y)^2$

ausmultiplizieren. In diesem Beispiel steht 3 x anstelle von a und 4 y anstelle von b:

$(\underbrace{3x}_{a} + \underbrace{4y}_{b})^2$

Also wird

$a^2 = (3x)^2 = 9x^2$,

$2ab = 2 \cdot (3x) \cdot (4y) = 24xy$,

$b^2 = (4y)^2 = 16y^2$.

Die Summe der drei Terme ist

$(3x + 4y)^2 = 9x^2 + 24xy + 16y^2$.

Was ist $(5ax + 2b)^2$?

O 7 Den Ausdruck

$(7x - 4kz)^2$

berechnest Du nach der Formel

$$(a - b)^2 = a^2 - 2ab + b^2 .$$

Hierbei ist

$a = 7x$ und $b = 4kz$.

Also

$a^2 = 49x^2$, $2ab = 56kxz$, $b^2 = 16k^2z^2$.

Demnach wird

$(7x - 4kz)^2 = 49x^2 - 56kxz + 16k^2z^2$.

Berechne $\left(1 - \frac{ab}{2}\right)^2$.

O 8 Es ist

$(a - b)^2 = a^2 - 2ab + b^2$,

$(b - a)^2 = b^2 - 2ab + a^2$.

Beide Terme sind gleich:

$$(a - b)^2 = (b - a)^2 .$$

Was ist $(-a - b)^2$?

O 9 Wenn Du den Term

$(a + b)(a - b)$

ausmultiplizierst, erhältst Du

$a^2 - ab + ab - b^2$.

Die beiden mittleren Glieder heben sich gegenseitig auf. Es gilt

$$(a + b)(a - b) = a^2 - b^2 .$$

Mit dieser Formel kannst Du Produkte wie $58 \cdot 62$ im Kopf ausrechnen:

$58 \cdot 62 = (60 - 2)(60 + 2) = 60^2 - 2^2 = 3600 - 4 = 3596.$

Berechne a) $99 \cdot 101$, b) $53 \cdot 47$.

O 10 Nach der Formel

$(a + b)(a - b) = a^2 - b^2$

ist das Produkt aus Summe und Differenz zweier Zahlen gleich der Differenz ihrer Quadrate. Anstelle der Zahlen a und b können auch Terme stehen.

$$(\underbrace{cxy}_{a} + \underbrace{dz}_{b})(\underbrace{cxy}_{a} - \underbrace{dz}_{b}) = \underbrace{c^2 x^2 y^2}_{a^2} - \underbrace{d^2 z^2}_{b^2}.$$

Stelle das Produkt $(2\,ax - \frac{3}{4}bz)(2\,ax + \frac{3}{4}bz)$ als Differenz dar.

O 11 Quadratische Formeln wie

$(a + b)^2 = a^2 + 2\,ab + b^2$

gibt es auch für drei- und mehrgliedrige Summen. So ist

$(a + b + c)^2 = (a + b + c)(a + b + c) =$
$a^2 + ab + ac + ba + b^2 + bc + ca + cb + c^2.$

Durch Zusammenfassen gleicher Glieder entsteht die Formel

$$(a + b + c)^2 = a^2 + b^2 + c^2 + 2\,ab + 2\,ac + 2\,bc.$$

Stelle die Terme

a) $(a + b - c)^2$ und b) $(a - b - c)^2$ als Summen dar.

Übungen zu Programm O

1 Stelle die folgenden Produkte als Aggregate dar:

a) $(3\,a + 4\,b)(2\,a + 6\,b)$, b) $(2\,a - 4\,b)(4\,a + 2\,b)$,

c) $(a + b)(2\,a - 2\,b)$, d) $(3\,a + b)\left(a - \frac{3}{2}b\right)$.

---

2 Multipliziere die folgenden Terme aus:

a) $(a + b - c)(d + e)$, b) $(6a + 2b + 4c)(a - b)$,
c) $(x - y - z)(x + y - z)$, d) $(2{,}1x + 3{,}5y)(x - 0{,}5y + 1{,}3)$.

---

3 Vereinfache soweit als möglich:

a) $(3a + 2b)(a - b) + (2a + 3b)(a + b)$,
b) $(4a + b - c)(a - b) + (a + c)(2a + b)$.

---

4 Stelle als Aggregat dar:

a) $(2x + 1)^2$, b) $(2x + y)^2$, c) $(2x - 3y)^2$,

d) $\left(\frac{x}{2} - 1\right)^2$.

---

5 Schreibe in Aggregatform:

a) $(x + a)(x - a)$, b) $(2x + 4y)(2x - 4y)$,
c) $(x - y)(y + x)$.

---

6 Schreibe als Aggregat:

a) $\left(\frac{x}{2} + \frac{x^3}{3}\right)(2x^2 + 3x)$, b) $\left(1 - \frac{x}{2}\right)\left(2 + \frac{x}{2}\right)$,

c) $\left(3\frac{1}{2}x - y\right)\left(5x + \frac{3}{2}y\right)$.

---

7 Es gilt:

$(a + b + c)^2 = a^2 + b^2 + c^2 + 2ab + 2ac + 2bc$.

Veranschauliche diese Formel geometrisch.

---

8 Berechne:

a) $(2x + y + 1)^2$, b) $(x - y - z)^2$, c) $(x - 2y + 3z)^2$.

---

9 Multipliziere aus:

a) $(x^2y^3 - a^3b)^2$, b) $ax^2(a^3x + b^2x^2)^2$,
c) $(x^6 + 2y^4)(x^6 - 2y^4)$.

P Produktdarstellungen

P 1 Mit dem distributiven Gesetz lassen sich nicht nur Produkte in Summen verwandeln, sondern auch Summen in Produkte:

$$ab + ac = a(b + c).$$

Das ist möglich, wenn alle Summanden einen gemeinsamen Faktor haben. Diesen Faktor kann man vor die Klammer setzen oder, wie die Mathematiker sagen, „ausklammern". So ist beispielsweise

$$2xy - 3xz = x(2y - 3z).$$

Du kannst das Ergebnis kontrollieren: Wenn Du das Produkt wieder ausmultiplizierst, mußt Du das ursprüngliche Aggregat erhalten.

Schreibe $4xy + 5y^2$ als Produkt und kontrolliere das Ergebnis durch Ausmultiplizieren.

P 2 Die drei Glieder des Terms

$$12axy + 4ay^2 + 6ayz$$

haben die gemeinsamen Faktoren 2, a und y. Du kannst alle drei Faktoren ausklammern:

$$2ay(6x + 2y + 3z).$$

Klammere im Term $3a^2b + 6ab^2 - 9a^2b^2$ alle gemeinsamen Faktoren aus.

P 3 Auch der Term

$$a - a^2$$

läßt sich als Produkt darstellen. Statt a denkst Du Dir $a \cdot 1$ geschrieben:

$$a - a^2 = a \cdot 1 - a^2 = a \cdot (1 - a).$$

Schreibe $ab - a + \frac{ac}{2}$ als Produkt.

P 4 In einigen Fällen kommst Du auch dann zu einer Produktdarstellung, wenn nicht sämtliche Summanden einen gemeinsamen Faktor haben. So ist

$$3ax - 5ay + 6bx - 10by = a(3x - 5y) + 2b(3x - 5y).$$

Das ist eine Summe. In beiden Summanden steckt der Faktor $(3x - 5y)$. Klammere ihn aus.

$3ax - 5ay + 6bx - 10by = (3x - 5y)(a + 2b)$.

Um das Ergebnis zu prüfen, multiplizieren wir dieses Produkt wieder aus. Es ergibt sich

$3ax + 6bx - 5ay - 10by$,

also der ursprüngliche Term.

Versuche, auch $3x + 6z + ax + 2az$ als Produkt darzustellen. Kontrolliere das Ergebnis.

P 5 Die Summe

$3ax - 5ay - 6bx + 10by$

läßt sich verwandeln in

$a(3x - 5y) + 2b(-3x + 5y)$.

Wenn Du aus der zweiten Klammer (-1) ausklammerst, erhältst Du

$a(3x - 5y) + 2b(-1)(3x - 5y) =$
$a(3x - 5y) - 2b(3x - 5y) = (a - 2b)(3x - 5y)$.

Verwandle $2ap - 3bp - 6aq + 9bq$ in ein Produkt.

P 6 Dem Term

$2ax + 3by - 4ax^2 - 6bxy$

siehst Du nicht sofort an, daß Du ihn in ein Produkt verwandeln kannst. Aber ein Vertauschen der Glieder führt Dich zum Ziel. Schreibe

$2ax - 4ax^2 + 3by - 6bxy = 2ax(1 - 2x) + 3by(1 - 2x) =$
$(2ax + 3by)(1 - 2x)$.

Stelle auch $3xy + 5a^2b + 6x^2y^2 + 10a^2bxy$ als Produkt dar.

P 7 Selbstverständlich kann man nicht jede Summe in ein Produkt verwandeln. Den Term

$2xy + 3y + 4xz + 9z$

kannst Du zwar umwandeln in

$y(2x + 3) + z(4x + 9)$ oder in $2x(y + 2z) + 3(y + 3z)$.

Aber beide Darstellungen haben keine gemeinsamen Faktoren. Es gibt keine Produktdarstellung.

Welche der folgenden Terme lassen sich in Produkte umformen, welche nicht?

a) $5xy + 10z + 10xz + 5yz$, b) $3ax + 6bx + 4az + 8bz$,
c) $5xy + 10xz + 8y^2 + 16yz + 3yz + 6z^2$.

P 8 Besonders einfach läßt sich die Differenz zweier Quadrate als Produkt schreiben. Du benutzt die Formel

$$a^2 - b^2 = (a + b)(a - b).$$

Der Term

$$4x^2 - 9y^2 = (2x)^2 - (3y)^2$$

hat die Form

$$a^2 - b^2.$$

$2x$ steht hier anstelle von a und $3y$ anstelle von b. Damit wird

$$4x^2 - 9y^2 = (2x + 3y)(2x - 3y).$$

Schreibe $16a^2x^2 - \frac{b^2y^2}{25}$ als Produkt.

P 9 Mit der Formel

$$a^2 + 2ab + b^2 = (a + b)^2$$

kannst Du die Summe

$$x^2y^2 + 2xyz + z^2$$

als Produkt schreiben.
Achte zuerst auf das erste und dritte Glied. Beide sind Quadrate. Das erste entsteht durch Quadrieren von xy, das dritte ist das Quadrat von z. Also

$$a = xy \quad \text{und} \quad b = z.$$

Prüfe, ob das mittlere Glied das doppelte Produkt aus a und b ist. Das ist hier der Fall. Denn $2ab$ ist gleich $2xy \cdot z$. Es gilt also

$$x^2y^2 + 2xyz + z^2 = (xy + z)^2.$$

Stelle ebenso $4x^2 + 20xy + 25y^2$ als Quadrat dar.

P 10 Auch mit der Formel

$a^2 - 2ab + b^2 = (a - b)^2$

lassen sich Produktdarstellungen gewinnen. So ist

$4x^2 - 4x + 1 = (2x - 1)^2$,

wie Du leicht durch Ausmultiplizieren des Quadrates bestätigst.

Schreibe $a^2 x^2 - 2ax + 1$ als Quadrat.

P 11 Terme von der Form

$a^2 + 2ab + b^2$ oder $a^2 - 2ab + b^2$

heißen „vollständige Quadrate", da sie sich als Quadrat eines Terms schreiben lassen.

$x^2 + 6xy + 4y^2$

ist jedoch kein vollständiges Quadrat. a müßte nämlich gleich x und b gleich 2 y sein. Aber dann stimmt das mittlere Glied nicht. Denn 2 ab wäre 4 xy. Im Beispiel steht dagegen 6 xy. Hier kannst Du die Formel nicht anwenden.

Welche der folgenden Terme sind vollständige Quadrate, welche nicht?

a) $x^2 - 20xy + 25$, b) $-2xy + x^2 + y^2$,

c) $4x^2 + 8xy + 16y^2$.

P 12 Im Term

$4ax^2 + 12axy + 9ay^2$

kannst Du zunächst a ausklammern:

$a(4x^2 + 12xy + 9y^2)$.

In der Klammer steht das vollständige Quadrat

$(2x + 3y)^2$.

Somit bekommst Du die Produktdarstellung

$4ax^2 + 12axy + 9ay^2 = a(2x + 3y)^2$.

Welche der folgenden Ausdrücke enthalten vollständige Quadrate?

a) $2x^3 - 12x^2y + 18xy^2$, b) $4x^2y + 8xy^2 + 4xy^3$.

Übungen zu Programm P

1 Klammere in den folgenden algebraischen Summen gemeinsame Faktoren aus:

a) $x y^2 - y x^2$, b) $4ab + 2a^2 b + 6ab^2$,

c) $(x+y)x - (x+y)y$, d) $8(a-b) - 4a(a-b)$.

---

2 Verwandle die Terme

a) $a^2 + a^2 b$, b) $1 + x + a(1+x)$, c) $1 - \frac{x}{3} - a\left(\frac{x}{3} - 1\right)$

durch Ausklammern gemeinsamer Faktoren in Produkte.

---

3 Stelle die Summen

a) $6a + 9b + 4a^2 + 6ab$, b) $4ax - 2ay + 8bx - 4by$,

c) $ax + ay - bx - by + cx + cy$

als Produkt dar.

---

4 Gib Produktdarstellungen an für

a) $ac - 6bd + 3ad - 2bc$, b) $\frac{x}{5} - 2ay - \frac{ax}{5} + 2y$.

---

5 Welche der beiden Summen

a) $a^3 bxz + 2bcy - a^2 cyz - 2ab^2 x$,

b) $a^2 bxz + 2bcy^2 - a^2 cyz - 2ab^2 x$

läßt sich in ein Produkt umwandeln?

---

6 Verwandle die folgenden Differenzen in Produkte:

a) $x^2 - 4y^2$, b) $a^4 x^2 - b^2 z^2$, c) $4a^2 b^2 x^2 - 9c^4 z^6$,

d) $(x+y)^2 - z^2$, e) $\frac{x^2}{4} - \frac{y^2 z^2}{9}$.

---

7 Schreibe die Terme

a) $a^2 - 6ab + 9b^2$, b) $x^2 y^2 - 10xyz + 25z^2$, c) $x^2 + 9 + 6x$,

d) $16x^2 + 25y^2 + 40xy$, e) $\frac{x^2}{9} - \frac{2xy^2}{3} + y^4$

als Quadrate.

---

8 Welche der folgenden Terme sind vollständige Quadrate?

a) $36x^2 + 48xy + 9y^2$, b) $4a^2 - 6ab + 9b^2$,

c) $72ax + 16x^2 + 81a^2$, d) $\frac{x^2}{4} + \frac{x}{2} + 1$.

---

9 Stelle die Terme

a) $a^2b - 4ab^2 + 4b^3$, b) $8x^3 - 24x^2y + 18xy^2$,

c) $8a^3x^3 - 18ab^2xy^2$, d) $\frac{x^2}{18} + \frac{xy}{6} + \frac{y^2}{8}$

als Produkte dar.

Bevor Du mit dem fünften und letzten Teil dieses Buches beginnst, solltest Du Dich noch einer Leistungskontrolle unterziehen. Beantworte bitte die folgenden Testfragen. Schlage dann erst die Lösungen nach. Du findest sie auf Seite 157.

Test IV

Aufgabe O

Vereinfache den Term

$(3x - 2y)(x + 5y) - (2x + y)^2 + (x - 2y)(x + 2y)$.

Aufgabe P

Verwandle die Summen

a) $4x^2z - 16xz^2 + 16z^3$,

b) $2xz - 15p - 5x + 6pz$

in Produkte.

Hast Du die beiden Aufgaben geschafft? – Dann bearbeite bitte das Programm Q. Falls Du das Buch nur zur Wiederholung verwendest, löse die Aufgaben von Test V auf Seite 125.

Wenn nicht alles glatt ging, sieh Dir bitte die letzten zwei Programme und Übungen noch einmal an:

Programm O bei Fehlern in Aufgabe O,

Programm P bei Fehlern in Aufgabe P.

Nach dieser Wiederholung mache weiter mit Programm Q.

V. Teil: Gleichungen und Ungleichungen

Mathematische Aufgaben lassen sich oft als Gleichungen oder Ungleichungen schreiben. Dabei kommen Variable vor. Ein Beispiel aus der Geometrie: Vergrößert man in einem Quadrat die Seiten um 2, so entsteht ein um 20 Einheiten größeres Quadrat. Wie groß ist die Seite des ursprünglichen Quadrats? Die Quadratseite ist zunächst nicht bekannt. Wir setzen für sie die Variable x und rechnen so, als ob x eine bekannte Zahl wäre: Der Inhalt des ursprünglichen Quadrats ist dann x^2, der des neuen $(x + 2)^2$. Die Angabe setzt die beiden Terme zueinander in Beziehung: $(x + 2)^2$ ist um 20 größer als x^2. Es entsteht die Gleichung $x^2 = (x + 2)^2 - 20$.
Gleichungen und Ungleichungen sind Aussageformen. Du lernst in diesem Abschnitt die wichtigsten Lösungsverfahren für Aussageformen mit einer Variablen kennen.

Q Punktmengen auf der Zahlengeraden

Q 1 Wir können Zahlen der Größe nach bequem vergleichen, wenn wir sie auf einer Geraden anordnen.

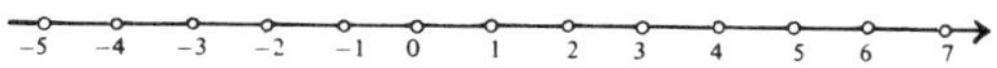

Du weißt, eine Zahl steht um so weiter rechts, je größer sie ist. So liegt 5 rechts von -1, denn es gilt die „Ungleichung“ $5 > -1$ (gelesen: „5 ist größer als -1“). Auch die folgenden Ungleichungen sind richtig oder, wie moderne Mathematiker lieber sagen, „wahr“.

$3 < 7$ (gelesen: „3 kleiner 7“), $-3 > -8$.

Die Ungleichung $2 > 6$ ist dagegen falsch.

Setze zwischen folgende Zahlenpaare die Ungleichheitszeichen so, daß wahre Ungleichungen entstehen:

a) 5 3, b) -5 6, c) $-3{,}2$ $-1{,}4$.

Q 2 Die Zahl -5 liegt auf der Zahlengeraden links von 3 und 3 liegt links von 7. In Zeichen:

$-5 < 3$ und $3 < 7$.

Beide Ungleichungen faßt man zu der „Ungleichungskette“

$-5 < 3 < 7$

zusammen. Du liest: „-5 kleiner 3 kleiner 7“ oder „3 liegt zwischen -5 und 7“.
Achte darauf: In einer Ungleichungskette dürfen niemals die Zeichen $<$ und $>$ zusammen auftreten. Ausdrücke wie $4 > x < 5$ sind nicht zulässig.

Ordne die Zahlen -3; 2 und -8 in einer Ungleichungskette an.

Q 3 Die Menge *aller* Zahlen, die zwischen -3 und 5 liegen, schreiben wir

$\{x \mid -3 < x < 5\}$

und lesen das: „Menge aller Zahlen x, für die -3 kleiner x und x kleiner als 5 ist“ oder kurz: „Alle x zwischen -3 und 5“. Graphisch stellen wir diese Menge so dar:

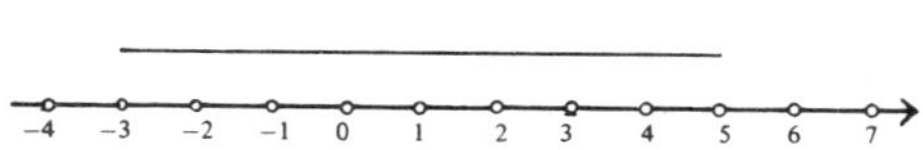

Die „Grenzen“ -3 und 5 gehören nicht zur Menge. Wir nennen eine solche Menge eine „offene Menge“ oder auch ein „offenes Intervall“.

Zeichne die Menge $\{x \mid -2 < x < 4{,}5\}$ über der Zahlengeraden.

Q 4 Gehören die Grenzen mit zur Menge, so zeichnest Du kurze, senkrechte Striche an den Enden des Intervalls.

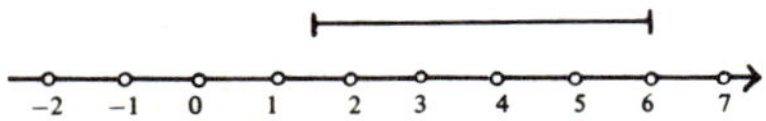

Hier ist das „abgeschlossene Intervall“ zwischen 1,5 und 6 dargestellt. Diese Menge schreibst Du

$\{x \mid 1{,}5 \leqslant x \leqslant 6\}$

und liest das: „Menge aller x, für die 1,5 kleiner oder gleich x und x kleiner oder gleich 6 ist.“

Welche Menge ist in folgendem Schaubild dargestellt?

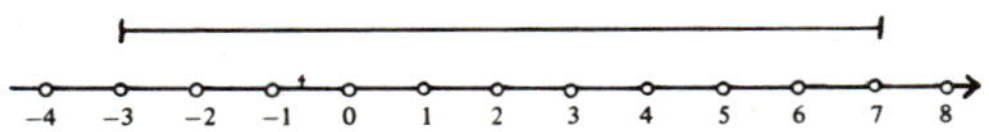

Q 5 Ein Intervall kann auch auf der einen Seite offen und auf der anderen Seite abgeschlossen sein.

Zeichne die Menge $\{x \mid -6 \leqslant x < -3\}$. Welche Grenze gehört zur Menge?

Q 6 Die Menge aller Zahlen, die rechts von 3 liegen, also größer als 3 sind, schreiben wir:

$\{x \mid x > 3\}$

und lesen: „Menge aller Zahlen x, die größer sind als 3“.
Diese Menge läßt sich nach rechts nicht vollständig darstellen. Wir deuten das durch Punkte an.

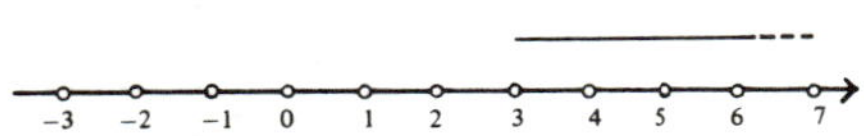

Die Menge $\{x \mid x > 3\}$ ist auf beiden Seiten offen.

Stelle die Menge $\{x \mid x \leqslant -1\}$ dar.

Q 7 $\mathbb{A} = \{x \mid 1 < x < 4\}$ ist eine Teilmenge von $\mathbb{B} = \{x \mid 0 < x < 6\}$.
In Zeichen:

$\mathbb{A} \subseteq \mathbb{B}$.

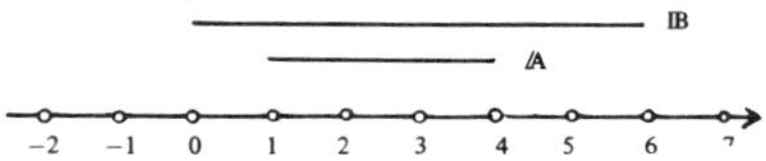

Denn wie in D 11 ist jedes Element von $\mathbb{A}$ auch Element von $\mathbb{B}$.
Die Menge $\mathbb{C} = \{x \mid -3 < x < 4\}$ ist nicht Teilmenge von $\mathbb{D} = \{x \mid x \leq 2\}$, denn die Zahlen zwischen 2 und 4 liegen in $\mathbb{C}$, aber nicht in $\mathbb{D}$.
Es sei jetzt

$\mathbb{A} = \{x \mid 2 < x < 6\}$; $\mathbb{B} = \{x \mid x > 1\}$; $\mathbb{C} = \{x \mid 3 < x \leq 6\}$
und $\mathbb{D} = \{x \mid x < 6\}$.

Zeichne die vier Mengen über der Zahlengeraden und gib mit Hilfe des Zeichens $\subseteq$ an, zwischen welchen dieser Mengen eine Teilmengenbeziehung besteht.

Q 8 Die Menge aller Zahlen ist weder nach rechts noch nach links begrenzt.
Wir schreiben sie

$\{x \mid -\infty < x < +\infty\}$.

Bestehen zwischen den Mengen

$\mathbb{A} = \{x \mid -\infty < x < +\infty\}$,
$\mathbb{B} = \{x \mid x > 0\}$

und

$\mathbb{C} = \{x \mid x < 0\}$

Teilmengenbeziehungen? Wenn ja, welche?

Übungen zu Programm Q

1 Welche der folgenden Ungleichungen sind richtig?

a) $-5 > -3$, b) $6 < 6$, c) $15 > -18$.

---

2 Welche der folgenden Ungleichungen sind wahr?

a) $18 > 7 > -18$, b) $3 < 2 < 5$, c) $5 < a < 2$ für $a = 3$.

---

3 Welche Mengen sind hier dargestellt?

a)

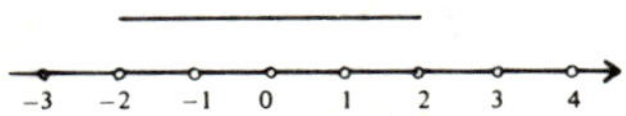

b)

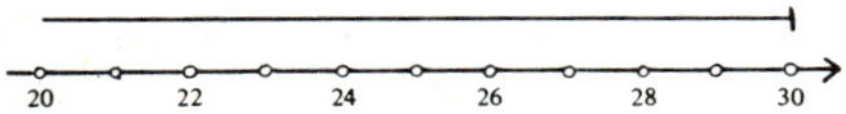

c)

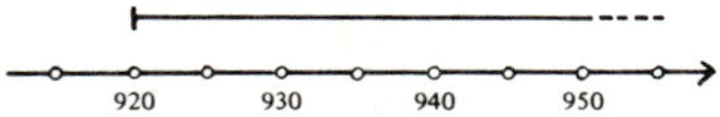

---

4 Zeichne die folgenden Mengen über der Zahlengeraden:

a) $\{x \mid -2{,}3 < x \leqslant -1{,}8\}$,

b) $\{x \mid 200 \leqslant x \leqslant 1000\}$,

c) $\{x \mid 3 > x\}$.

---

5 Stelle die Menge $\{x \mid 3 \leqslant x < 7\}$ dar.
Ist sie Teilmenge von $\{x \mid 3 < x\}$?

R Monotoniegesetz der Addition

R 1 Setzt Du in der Gleichung

$3x - 5 = 4$

für die Variable x die Zahl 1 ein, so erhältst Du die Aussage $3 \cdot 1 - 5 = 4$. Diese Aussage ist falsch. Ersetzt Du x dagegen durch 3, so erhältst Du die wahre Aussage $3 \cdot 3 - 5 = 4$. Also ist 3 eine Lösung der Gleichung.

Stelle durch Einsetzen fest, welche Zahlen aus der Menge $\{-1; 0; 1; 1{,}5\}$ Lösungen der Gleichung $2x^2 - x = 3$ sind.

R 2 Setzt Du in der Ungleichung

$x - 3 > 2$

für x die Zahl 6 ein, so erhältst Du die wahre Aussage $6 - 3 > 2$. Die Zahl 6 „erfüllt“ die Ungleichung, sie ist „Lösung“ der Ungleichung. Ersetzt Du dagegen x durch 2, so erhältst Du die falsche Aussage $2 - 3 > 2$. Die Zahl 2 ist keine Lösung der Ungleichung.

Welche Zahlen aus der Menge $\{0; 1; 2; 3; 4; 5\}$ sind Lösungen der Ungleichung $5 + x \leqslant 7$?

R 3 Machen wir uns noch einmal den Unterschied zwischen „Aussage“ und „Aussageform“ klar. Aus Aussageformen werden durch Einsetzen von Zahlen für die Variablen Aussagen. Aussagen sind stets entweder wahr oder falsch. Es ist dagegen unsinnig, eine Aussageform als wahr oder falsch zu bezeichnen.
Der Satz „Eine natürliche Zahl liegt zwischen 4,5 und 8,3“ führt auf die Aussageform

$4{,}5 < x < 8{,}3; \quad x \in \mathbb{N}.$

Da hier nur natürliche Zahlen eingesetzt werden dürfen, sind nur die Zahlen 5; 6; 7; 8 Lösungen. Die „Lösungsmenge“ oder „Erfüllungsmenge“ $\mathbb{L}$ ist

$\mathbb{L} = \{5; 6; 7; 8\}.$

Welche einziffrigen natürlichen Zahlen lösen die Aussageform $x(x + 1) = 6$? Schreibe die Lösungsmenge hin.

R 4 In der Gleichung

$x + 3 = 8$

kannst Du sofort erkennen, daß 5 eine Lösung ist. Das „Raten“ führt aber nur bei sehr einfachen Aussageformen zum Ziel.
Wir suchen daher nach Wegen, wie man Aussageformen ohne zu raten lösen kann.
Addierst Du auf beiden Seiten der obigen Gleichung -3, so erhältst Du

$$\begin{aligned} x + 3 + (-3) &= 8 + (-3), \\ x + 3 - 3 &= 8 - 3, \\ x &= 5. \end{aligned}$$

Aus der Aussageform $x + 3 = 8$ ist die einfachere $x = 5$ geworden. Sie ist jetzt „nach x aufgelöst". Beide Aussageformen haben dieselbe Lösungsmenge, nämlich $\mathbb{L} = \{5\}$.

Forme ebenso die Gleichung $x - 3 = 1$ um.

R 5 Aus $x + 3 = 8$ folgt durch Addition von -3 die Gleichung $x = 5$. Wir schreiben hierfür

$$x + 3 = 8 \Rightarrow x = 5.$$

Umgekehrt folgt aus $x = 5$ durch Addition der entgegengesetzten Zahl $+3$ wieder $x + 3 = 8$. In Zeichen:

$$x = 5 \Rightarrow x + 3 = 8 \quad \text{oder auch} \quad x + 3 = 8 \Leftarrow x = 5.$$

Solche umkehrbaren Umformungen von Aussageformen heißen „Äquivalenzumformungen". Aussageformen, die durch Äquivalenzumformungen auseinander entstehen, nennt man „äquivalent".

Sind auch die Aussageformen $x - 4 = 3$ und $x = 7$ äquivalent?

R 6 Die beiden Zeilen

$$x + 3 = 8 \Rightarrow x = 5,$$
$$x + 3 = 8 \Leftarrow x = 5$$

faßt man zu

$$x + 3 = 8 \Leftrightarrow x = 5$$

zusammen.
Das Äquivalenzzeichen $\Leftrightarrow$ ist aus den Zeichen $\Rightarrow$ und $\Leftarrow$ zusammengesetzt.

Äquivalente Aussageformen haben dieselbe Erfüllungsmenge.

Da es beim Lösen von Aussageformen einzig und allein auf die Erfüllungsmenge ankommt, ist jede äquivalente Umformung erlaubt.

Ersetze die Ungleichung $5 + x < 1$ durch eine einfachere äquivalente.

R 7 In Gleichungen darf man auf beiden Seiten die gleiche Zahl addieren:

$a = b \Leftrightarrow a + c = b + c.$

Gibt es ein ähnliches Gesetz auch für Ungleichungen?
Die Addition einer Zahl bewirkt auf der Zahlengeraden eine Verschiebung aller Zahlen um das gleiche Stück, bei der Addition einer positiven Zahl nach rechts, bei der Addition einer negativen Zahl nach links.

Durch die Verschiebung wird an der Reihenfolge der Zahlen nichts geändert. Liegt a links von b, liegt auch $a + c$ links von $b + c$. Wenn a kleiner ist als b, dann ist auch $a + c$ kleiner als $b + c$. Dabei ist es gleichgültig, ob c positiv oder negativ ist:

$a < b \Rightarrow a + c < b + c.$

Da die Addition von $-c$ die Verschiebung wieder rückgängig macht, folgt auch aus $a + c < b + c$ die Ungleichung $a < b$: $a + c < b + c \Rightarrow a < b$. D.h. die Addition con c ist eine äquivalente Umformung. Somit gilt das *Monotoniegesetz der Addition*:

$a < b \Leftrightarrow a + c < b + c.$

Schreibe das Monotoniegesetz der Addition für das Zeichen $>$ auf.

R 8 Das Monotoniegesetz der Addition gilt auch für die Zeichen $\leqslant$ und $\geqslant$, da es für jedes der drei Zeichen $=$, $<$ und $>$ richtig ist. Da sich die Subtraktion als Addition der entgegengesetzten Zahl auffassen läßt, darf man in Gleichungen und Ungleichungen auch auf beiden Seiten die gleiche Zahl subtrahieren.

So wird die Ungleichung

$16 + x \leqslant 5$

einfacher, wenn Du auf beiden Seiten 16 subtrahierst.

$16 + x - 16 \leqslant 5 - 16,$
$x \leqslant -11.$

Die Lösungsmenge ist also

$\mathbb{L} = \{x \mid x \leqslant -11\}.$

Bestimme die Erfüllungsmenge der Ungleichung

$x + 12 > 15.$

R 9 Das Monotoniegesetz der Addition gilt für jede beliebige Zahl c:

Man darf in Gleichungen und Ungleichungen auf beiden Seiten dieselbe Zahl addieren oder subtrahieren.

c kann auch die Variable x oder ein Vielfaches von x sein:

$3x - 31 < 15 + 2x,$
$3x - 31 - 2x < 15 + 2x - 2x,$
$x - 31 < 15.$

Die Variable kommt jetzt nur noch auf einer Seite vor. Damit x allein steht, addieren wir auf beiden Seiten 31:

$x - 31 + 31 < 15 + 31,$

$x < 46.$

Die Lösungsmenge ist $\mathbb{L} = \{x \mid x < 46\}$.

Bestimme die Lösungsmenge zu $14 - x \leqslant 18 - 2x$.

R 10 Um die Gleichung

$2x - (5 + 4x) = 3 - x$

nach x aufzulösen, beseitigen wir zuerst die Klammer:

$2x - 5 - 4x = 3 - x.$

Dann rechnen wir wie gewohnt weiter:

$$\begin{aligned} -5 - 2x &= 3 - x, \\ -5 &= 3 + x, \\ -8 &= x. \end{aligned}$$

Zum Schluß vertauschen wir noch die beiden Seiten der Gleichung:

$x = -8.$

Die Lösungsmenge ist $\mathbb{L} = \{-8\}$.

Bestimme die Lösungsmenge zu $7 - (3x - 8) = (5 - x) - x$.

R 11 In einer Gleichung darfst Du die Seiten vertauschen:

$$a = b \Leftrightarrow b = a.$$

Bei einer Ungleichung ist das anders. $a < b$ bedeutet: a liegt auf der Zahlengeraden links von b. Dann liegt aber b rechts von a. Aus $a < b$ folgt also $b > a$ und umgekehrt. Es gilt somit die Äquivalenz

$$a < b \Leftrightarrow b > a.$$

In Worten:

> Vertauscht man in einer Ungleichung die Seiten, so muß man „kleiner“ durch „größer“ und „größer“ durch „kleiner“ ersetzen.

Aus $3 < 8$ folgt beispielsweise $8 > 3$ oder aus $-2 > -8$ folgt $-8 < -2$.

Bestimme die Lösungsmenge zu $4x - (3x - 7) < 3 - (3 - 2x)$.

Übungen zu Programm R

1 Welche Zahlen aus der Menge $\{0; 1; 2; 3; 4\}$ sind Lösungen der Aussageformen

a) $2x > 5 - x^2$, b) $x^3 - 7x + 6 = 0$, c) $x^2 + 4 = 0$?

---

2 Addiere zu jedem Glied der Ungleichungskette

$-5 < -2 < 0 < 4$

die Zahl -3. Wie lautet die neue Ungleichungskette? Stimmt sie?

---

3 Bestimme die Erfüllungsmengen zu

a) $x - 8 = 3$, b) $13 + x > 5$, c) $16 + 8x = 7x + 24$,
d) $x + 5 - 3x \leqslant -3x + 7$.

---

4 Wie heißen die Erfüllungsmengen folgender Aussageformen?

a) $26 - (3x - 4) = 30 - 2x$, b) $2(x - 5) = 3x + 7$,
c) $5x - 7 < 6x + 7$, d) $6 - (1{,}4 - 5x) \geqslant 5{,}8 + 4x$.

---

5 Prüfe, ob folgende Aussageformen äquivalent sind:

a) $3 < x$ und $5(x - 2) + 3 > 4x - 3$,
b) $2x + 5 = 3x - 8$ und $x + 7 = 2x - 6$.

S Monotoniegesetz der Multiplikation

S 1 Die Gleichung $2x = 12$ wird durch den Wert 6 der Variablen erfüllt. Zu der einfacheren Gleichung $x = 6$ kommst Du, wenn Du beide Seiten der ursprünglichen Gleichung mit $\frac{1}{2}$ multiplizierst:

$$2x \cdot \frac{1}{2} = 12 \cdot \frac{1}{2},$$

$$x = 6.$$

Du hättest auch beide Seiten der Gleichung durch 2 dividieren können:

$2x : 2 = 12 : 2,$
$x = 6.$

Bestimme die Lösungsmenge der Gleichung $24x = -2$.

S 2 Gleichungen wie $5x = 100$, $\frac{x}{4} = -3$ löst Du, indem Du beide Seiten durch eine passende Zahl dividierst oder mit einer passenden Zahl multiplizierst. Im ersten Fall dividierst Du durch 5, im zweiten Fall multiplizierst Du mit 4. Du benutzt dabei die folgende Äquivalenz:

$$a = b \Leftrightarrow a \cdot c = b \cdot c, \quad c \neq 0$$

In Worten:

Eine Gleichung darf man auf beiden Seiten mit einer von Null verschiedenen Zahl multiplizieren oder dividieren.

Die Einschränkung $c \neq 0$ ist nötig, denn für $c = 0$ sind $a = b$ und $a \cdot c = b \cdot c$ nicht äquivalent. Die Folgerung $a = b \Rightarrow a \cdot c = b \cdot c$ ist zwar für $c = 0$ richtig, doch die Umkehrung $a \cdot c = b \cdot c \Rightarrow a = b$ verlangt die Division durch c. Das geht aber nur, wenn $c \neq 0$ ist. Denn durch Null darf man nicht dividieren.

Bestimme die Erfüllungsmenge der Gleichung $\frac{1}{3}x = 2$.

S 3 Bei der Gleichung

$12 - 8x = 16 - 5x$

mußt Du sämtliche bisherigen Umformungsregeln anwenden:

$12 - 12 - 8x + 5x = 16 - 12 - 5x + 5x,$
$-3x = 4,$
$x = -\frac{4}{3}.$

Die Lösungsmenge ist $\mathbb{L} = \{-\frac{4}{3}\}$.

Bestimme die Erfüllungsmenge von

$3(2x - 4) = 13 - 4x.$

S 4 Multiplizierst Du in der Gleichung

$(2x - 5)(3x + 2) = (x - 1)(6x + 5) - 7$

die Klammern aus, so erhältst Du Glieder mit x^2:

$6x^2 + 4x - 15x - 10 = 6x^2 + 5x - 6x - 5 - 7.$

Bei Subtraktion von $6x^2$ auf beiden Seiten fallen die quadratischen Glieder weg. Du kannst also die Gleichung mit den bisherigen Mitteln lösen:

$$-11x - 10 = -x - 12,$$
$$-10x = -2,$$
$$x = \frac{-2}{-10} = 0{,}2,$$
$$\mathbb{L} = \{0{,}2\},$$

Bestimme die Lösungsmenge von

$2(4x^2 - 3x - 5) + x^2 = (3x + 2)(3x - 2).$

S 5 Wir wollen nun auch für die Multiplikation von Ungleichungen mit Zahlen Rechenregeln herleiten.
Wenn wir die Zahlen der Zahlengeraden mit 0,5 multiplizieren, verringern sich sämtliche Abstände vom Nullpunkt auf die Hälfte.

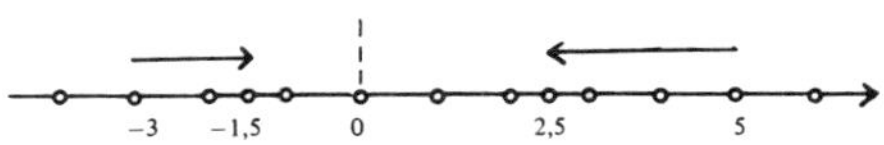

Die Multiplikation mit 0,5 bewirkt also eine Stauchung. Die Reihenfolge der Zahlen bleibt dabei erhalten.

Stelle die Multiplikation mit 1,5 auf der Zahlengeraden dar. Wähle dabei die gleichen Ausgangspunkte wie oben.

S 6 Wenn Du sämtliche Zahlen der Zahlengeraden mit einem *positiven* Faktor multiplizierst, ändert sich an ihrer Reihenfolge nichts. Liegt also a links von b, so liegt auch $a \cdot c$ links von $b \cdot c$ und umgekehrt. Es gilt

das Monotoniegesetz der Multiplikation für $c > 0$:

$a < b \Leftrightarrow a \cdot c < b \cdot c$	für $c > 0$,
$a > b \Leftrightarrow a \cdot c > b \cdot c$	für $c > 0$.

Bestimme die Lösungsmenge von $6x < 15$. Mache die Probe für -2; 0; 2; 4.

S 7 Die Multiplikation mit -1 bewirkt auf der Zahlengeraden eine Umkehr der Reihenfolge.

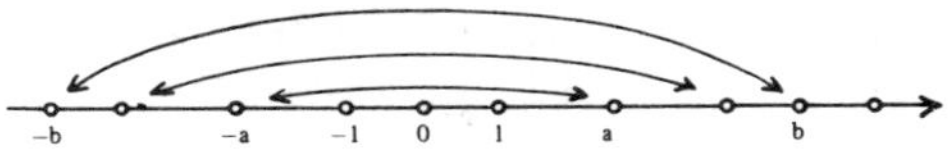

1 liegt links von 4; -1 liegt rechts von -4.
-3 liegt links von 1; 3 liegt rechts von -1.
Allgemein können wir sagen: Liegt a links von b, so liegt $-a$ rechts von $-b$ und umgekehrt. Es gilt somit die Äquivalenz

$$a < b \Leftrightarrow -a > -b.$$

Benutze diese Äquivalenz, um die Lösungsmenge der Ungleichung $-x < 4$ zu bestimmen.

S 8 Die Multiplikation mit einer negativen Zahl, zum Beispiel mit -3, läßt sich stets in zwei Multiplikationen zerlegen: In die Multiplikation mit -1 und in die Multiplikation mit einer *positiven* Zahl, im Beispiel mit $+3$. Die erste Multiplikation kehrt die Reihenfolge der Zahlen um, die zweite ändert an der Reihenfolge nichts mehr. Beide Multiplikationen zusammen ändern also die Reihenfolge. Aus „kleiner" wird „größer" und umgekehrt. Es gilt somit

das Monotoniegesetz der Multiplikation für $c < 0$:

$$a < b \Leftrightarrow a \cdot c > b \cdot c \quad \text{für } c < 0,$$
$$a > b \Leftrightarrow a \cdot c < b \cdot c \quad \text{für } c < 0.$$

Beide Teile des Monotoniegesetzes fassen wir in Worten zusammen:

Bei der Multiplikation einer Ungleichung mit einer positiven Zahl bleibt das Zeichen erhalten. Bei der Multiplikation mit einer negativen Zahl wird aus „kleiner" „größer" und umgekehrt.

Multipliziere alle Glieder der Ungleichungskette $-5 < -2 < 0 < 3 < 6$ mit $-1{,}5$. Welche neue Kette erhältst Du?

S 9 Beide Monotoniegesetze gelten selbstverständlich auch für die Division, da jeder Division eine Multiplikation mit dem Kehrwert entspricht.

Ebenso sind die Monotoniegesetze auch für die Zeichen $\leqslant$ und $\geqslant$ gültig.
Wir lösen die Ungleichung

$$5 - \frac{3}{4} x \leqslant 8:$$

$$-\frac{3}{4} x \leqslant 3,$$

$$3x \geqslant -12,$$

$$x \geqslant -4.$$

$\mathbb{L} = \{x \mid x \geqslant -4\}$.

Wie lautet die Erfüllungsmenge zu $2x - 8 \geqslant 7x - 16$?

S 10 Multiplizierst Du die wahre Aussage $3 < 5$ auf beiden Seiten mit Null, so erhältst Du die falsche Aussage

$$3 \cdot 0 < 5 \cdot 0.$$

Die Multiplikation mit Null ist daher keine Äquivalenzumformung, bei Ungleichungen ebensowenig wie bei Gleichungen.

Führt die Multiplikation von $a \leqslant b$ mit Null auf eine wahre Aussage? Ist diese Umformung eine Äquivalenzumformung?

S 11 Bisher haben wir das Monotoniegesetz der Multiplikation nur geometrisch begründet. Es läßt sich jedoch auch rechnerisch aus dem Monotoniegesetz der Addition herleiten. Es sei

$$a < b.$$

Dann ist

$$a - b < 0,$$

d.h. $a - b$ ist eine negative Zahl. Daher wird für $c > 0$ auch das Produkt $(a - b) \cdot c$ negativ. Also

$$(a - b) \cdot c < 0$$

oder

$$a \cdot c - b \cdot c < 0.$$

Durch Addition von $b \cdot c$ ergibt sich

$$a \cdot c < b \cdot c.$$

Da alle Schritte umkehrbar waren, gilt die Äquivalenz

$$a < b \Leftrightarrow a \cdot c < b \cdot c \qquad \text{für } c > 0.$$

Beweise das zweite Monotoniegesetz der Multiplikation, indem Du $c < 0$ setzt.

S 12 In der Gleichung

$$\frac{5x}{6} - \frac{x}{4} = 3$$

treten Brüche auf. Du multiplizierst mit dem Hauptnenner HN = 12:

$$\left(\frac{5x}{6} - \frac{x}{4}\right) \cdot 12 = 3 \cdot 12.$$

Jetzt vereinfachst Du:

$$\frac{5x}{6} \cdot 12 - \frac{x}{4} \cdot 12 = 36,$$

$$10x - 3x = 36,$$
$$7x = 36,$$
$$x = 5\tfrac{1}{7}.$$

$$\mathbb{L} = \left\{5\tfrac{1}{7}\right\}.$$

Bestimme die Erfüllungsmenge der Ungleichung

$$\frac{4}{9}x + \frac{4}{15} > 2 - x.$$

S 13 Die Ungleichung

$$\frac{4}{3} - \frac{2x-3}{9} > \frac{3-x}{15} + 1$$

multiplizierst Du mit 45 und vereinfachst dann:

$$\frac{4}{3} \cdot 45 - \frac{2x-3}{9} \cdot 45 > \frac{3-x}{15} \cdot 45 + 1 \cdot 45,$$

$$4 \cdot 15 - (2x-3) \cdot 5 > (3-x) \cdot 3 + 45,$$
$$60 - 10x + 15 > 9 - 3x + 45,$$
$$75 - 10x > 54 - 3x,$$
$$21 > 7x,$$
$$3 > x.$$
$$\mathbb{L} = \{x \mid x < 3\}.$$

Löse die Gleichung

$$\frac{3x+2}{12} - \frac{3-4x}{8} - \frac{1}{24} = 0.$$

S 14 Der Hauptnenner der Gleichung

$$\frac{3x-2}{8} - \frac{x+1}{6} - \frac{x-2}{5} = 0$$

ist 120. Bei der Multiplikation mit dem Hauptnenner 120 kürzt Du diesen gleich gegen die einzelnen Nenner:

$$(3x-2) \cdot 15 - (x+1) \cdot 20 - (x-2) \cdot 24 = 0,$$
$$45x - 30 - 20x - 20 - 24x + 48 = 0,$$
$$x - 2 = 0,$$
$$x = 2.$$

Wir prüfen, ob 2 tatsächlich eine Lösung ist. Dazu setzen wir 2 in die Ausgangsgleichung ein:

$$\frac{6-2}{8} - \frac{3}{6} - \frac{2-2}{5} = 0,$$

$$\frac{1}{2} - \frac{1}{2} - 0 = 0.$$

Die Probe stimmt. Also ist

$\mathbb{L} = \{2\}.$

Bestimme die Lösungsmenge zu

$$\frac{x}{28} - \frac{2x-3}{14} < \frac{5}{24} + \frac{1-x}{21}$$

und prüfe, ob die Werte 0 und 1 die Ungleichung erfüllen.

Übungen zu Programm S

1 Multipliziere in der Ungleichungskette

$-5 < -2 < 0 < 4 < 7$

jedes Glied a) mit 2, b) mit -3. Welche neuen Ketten entstehen dadurch?

2 Bestimme die Lösungsmengen der Aussageformen

a) $8x = 20$, b) $6x > 10$, c) $3(2x - 8) < 15$,
d) $4 - 2x < 3x - 6$.

---

3 Bestimme die Erfüllungsmengen zu

a) $5(2 - 3x) = 1$, b) $18 - 3{,}5 < 2x + (5 - x)$,
c) $4 - [(3x - 6) - x + 5] > 2x + 7$,
d) $13x + (28 - 5x) \leqslant 12(2x - 3)$,
e) $x + x(x - 5) = 9 - x + (1 - x)^2$.

---

4 Prüfe, ob die Aussageformen

$3x^2 - 2x(3 - x) > 5(x^2 - 2x + 6)$

und

$4x + 3 < 6x - 4$

äquivalent sind.

---

5 Erhältst Du, wenn Du $7 \leqslant 3$ mit Null multiplizierst, eine wahre Aussage?

---

6 Bestimme die Lösungsmengen von

a) $38 + (-7x + 32) - (33x - 50) = 0$,
b) $7(y - 3) - 5(4 - y) < 8(3y - 1) - 7y - 21$,
c) $8z + 7 - (3z + 5) \cdot 6 - 4(1 - 4z) = 0$.

---

7 Bestimme die Lösungsmengen der Aussageformen

a) $\frac{2}{3} - \frac{3}{4}x \leqslant \frac{x}{6} - \frac{1}{4}$, b) $\frac{x}{4} - \frac{x}{6} - \frac{4}{15} = 0$,

c) $\frac{3x - 2}{15} - \frac{x}{6} - \frac{x - 4}{10} = 0$,

d) $\frac{2 - 3x}{21} < \frac{6x + 7}{6} - \frac{13x - 3}{14}$,

e) $\frac{21x - 11}{45} - \frac{3x}{20} + \frac{10 - 12x}{36} = 0$,

f) $3\frac{1}{5}x - 4\frac{2}{3} = 2\frac{1}{2}(x - \frac{3}{5})$.

T Gleichungen und Ungleichungen mit Parametern

T 1 Die Aussageform

$5x - 4a = 3x; \quad a \in \mathbb{Q}$

faßt unendlich viele Gleichungen zusammen, denn a darf ja jeden beliebigen Zahlenwert annehmen. So ergibt sich

für $a = 0$: $5x = 3x$,
für $a = 1$: $5x - 4 = 3x$,
für $a = -2$: $5x + 8 = 3x$.

Die Lösungen hängen davon ab, welchen Wert Du für a einsetzt.

Bestimme die Lösungen der drei Gleichungen.

T 2 In

$2x + a = 1; \quad a \in \mathbb{Q}$

steht a für eine beliebige rationale Zahl. Derartige Variable, die neben der Unbekannten x in einer Aussageform vorkommen, heißen „Parameter" oder „Formvariable".
Willst Du die gegebene Gleichung für die Parameterwerte 3,5 und -9 lösen, so gibt es zwei Wege: Du kannst Parameterwerte in die allgemeine Gleichung einsetzen und jede der sich ergebenden drei Gleichungen für sich lösen. Bequemer ist es jedoch, die allgemeine Gleichung nach x aufzulösen und dann erst die Parameterwerte einzusetzen:

$$2x = 1 - a,$$
$$x = \frac{1 - a}{2}.$$

Die letzte Gleichung zeigt uns, wie x von a abhängt. Setzen wir die vorgegebenen Parameterwerte ein, so ergibt sich

für $a = 3$: $x = \frac{1 - 3}{2} = -1$,

für $a = 5$: $x = \frac{1 - 5}{2} = -2$,

für $a = -9$: $x = \frac{1 - (-9)}{2} = 5$.

Löse die Gleichung

$3{,}5\,x + 2{,}1\,a = 6{,}3$

für die Parameterwerte 2,7, – 3,5 und – 5,2.

T 3 Die Aussageform

$5x + 3a = 2; \quad a \in \mathbb{Q}$

enthält unendlich viele Gleichungen. Wir lösen alle diese Gleichungen zugleich nach x auf:

$$x = \frac{2 - 3a}{5}; \quad a \in \mathbb{Q}.$$

Löse die Aussageform

$$\frac{x}{2} + \frac{a}{3} = \frac{1}{6}.$$

T 4 Parameter können auch in Ungleichungen auftreten:

$$\frac{x}{2} + a < 10; \quad a \in \mathbb{N}.$$

Auch hier gehört zu jedem a eine andere Ungleichung, so daß unendlich viele Ungleichungen in einer Aussageform zusammengefaßt sind. Die Lösung ergibt sich durch Anwendung der Monotoniegesetze:

$$x + 2a < 20,$$
$$x < 20 - 2a; \quad a \in \mathbb{N}.$$

Löse die Ungleichung $5x - 8 > 1 - a$.

T 5 Die Aussageform

$5x - 4a = 3x + 8b.$

enthält zwei Parameter. Du findest die Lösung, indem Du die Glieder mit den Parametern nach rechts bringst:

$$2x = 4a + 8b,$$
$$x = 2a + 4b.$$

Welche Lösungen ergeben sich für die Parameterpaare a) $a = 0$, $b = 3$ und b) $a = -2$, $b = 1$?

T 6 Wir lösen die „zweiparametrige" Ungleichung

$2{,}5\,x + a < 4{,}1\,x - 5{,}2\,b$

oder vereinfacht:

$-1{,}6\,x < -a - 5{,}2\,b\,.$

Vorsicht bei der Anwendung der Monotoniegesetze! Da wir mit einer negativen Zahl dividieren, wird aus dem Kleiner-Zeichen ein Größer-Zeichen:

$$x > \frac{a}{1{,}6} + \frac{5{,}2}{1{,}6}\,b\,,$$

$$x > 0{,}625\,a + 3{,}25\,b\,.$$

Löse die dreiparametrige Ungleichung

$(x + a) + (x + 2\,b) + (x + 3\,c) > 1\,.$

T 7 Lasse Dich nicht beeindrucken, wenn eine Gleichung oder Ungleichung viele Parameter enthält:

$2\,(2\,x + 3\,a) - a(b + c) > 2\,x - (1 + c)\,(1 + a) - ab\,.$

Du löst auch hier zunächst die Klammern auf und bringst dann sämtliche x-freien Glieder nach rechts:

$$4\,x + 6\,a - ab - ac > 2\,x - 1 - a - c - ac - ab\,,$$

$$2\,x > -6\,a - 1 - a - c\,,$$

$$2\,x > -7\,a - c - 1\,,$$

$$x > -\frac{7}{2}\,a - \frac{c}{2} - \frac{1}{2}\,.$$

Löse die Gleichung

$(x + a^2) \cdot 2 + (x + b^2) \cdot 3 + (x + c^2) \cdot 4 = 0.$

Übungen zu Programm T

1 Welche Gleichungen ergeben sich aus der Aussageform

$x(3 - b) = b$

a) für $b = 0$, b) für $b = -1$, c) für $b = 5$?

---

2 Löse die folgenden Aussageformen nach x auf:

a) $5x - 2a = 2(x + a)$,

b) $\frac{x}{2} - a = \frac{a}{4} + 1$.

---

3 Löse

$x(x - b) = x^2 + ax$

nach x auf. Welche Lösungen ergeben sich für

a) $a = 1;\ b = 2$,
b) $a = 0;\ b = 0$?

---

4 Löse die Aussageformen

a) $(x - 2{,}5) \cdot a \leqslant 5x + 2a + ax$,
b) $(x - b)a > (a + 1)x$,
c) $3{,}5a + 7x \neq 3(1{,}5a + x)$

nach x auf.

U Textaufgaben

U 1 Wir suchen eine natürliche Zahl, deren Dreifaches um 12 größer ist als das Doppelte der um 1 verminderten Zahl.
Schreibe diese „Textaufgabe" in Form einer Gleichung.
Die gesuchte Zahl sei x.
Dann ist ihr Dreifaches $3x$,
die um 1 verminderte Zahl $x - 1$
und das Doppelte davon $2(x - 1)$.
Nun ist $3x$ um 12 größer als $2(x - 1)$. Das bedeutet:
Wenn Du zu $2(x - 1)$ die Zahl 12 addierst, erhältst Du gerade $3x$.
Also

$3x = 2(x - 1) + 12$.

Da wir x nur aus der Menge der natürlichen Zahlen nehmen dürfen, lautet die Aufgabe

$3x = 2(x - 1) + 12; \quad \mathbb{G} = \mathbb{N}$.

Wir lösen nach x auf:

$3x = 2x - 2 + 12$
$x = 10.$

Es gibt also eine natürliche Zahl mit der verlangten Eigenschaft, nämlich 10.

Subtrahiert man vom 7fachen einer Zahl 26, so erhält man das 3fache der um 2 verminderten Zahl. Wie lautet die Zahl?

U 2 Die beiden Ziffern einer zweistelligen Zahl haben die Summe 10. Vertauscht man die Ziffern, so wird die Zahl um 36 größer. Wie groß war die Zahl vor der Vertauschung der beiden Ziffern?
Da nach den beiden Ziffern gefragt ist, nennen wir eine von beiden x. Welche der beiden Ziffern wir x nennen, ist gleich. Entscheiden wir uns für die erste. Dann ist die zweite $10 - x$. Da die erste Ziffer als Zehnerziffer den Stellenwert 10 hat, stellen die beiden Ziffern die Zahl $10x + (10 - x)$ dar. Nach Vertauschen der beiden Ziffern ist $10 - x$ die Zehnerziffer und x die Einerziffer. Es entsteht die Zahl $(10 - x) \cdot 10 + x$.
Da die zweite Zahl um 36 größer ist als die erste, lautet die Gleichung

$10x + (10 - x) + 36 = (10 - x) \cdot 10 + x,$

Beachte die Stellung der Zahl 36. Da $10x + 10 - x$ die *kleinere* der beiden Zahlen ist, mußt Du, um die *größere* zu erhalten, zu ihr 36 *addieren.*

$9x + 46 = 100 - 10x + x,$
$18x = 54,$
$x = 3.$

Die Zahl hieß also ursprünglich 37. Nach Vertauschen der Ziffern wurde 73 daraus.

Von den beiden Ziffern einer zweistelligen Zahl ist die eine doppelt so groß wie die andere. Durch Vertauschen der Ziffern verringert sich die Zahl um 36. Wie hieß die Zahl vor der Vertauschung der beiden Ziffern?

U 3 Fritz ist jetzt eineinhalb mal so alt wie Karl. Vor zehn Jahren war er viermal so alt wie Karl. Wie alt ist Fritz?
Obwohl hier nach dem Alter von Fritz gefragt ist, setzen wir für das Alter von Karl die Variable x. Der Ansatz wird so etwas einfacher.

	Karl	Fritz
Alter jetzt	x	1,5 x
Alter vor 10 Jahren	x – 10	1,5 x – 10

Die Aussage „vor zehn Jahren war Fritz viermal so alt wie Karl" führt auf die Gleichung

$1{,}5\,x - 10 = 4\,(x - 10)$.

Selbstverständlich müssen Karl und Fritz beide älter als 10 Jahre sein. Die Grundmenge ist also

$\mathbb{G} = \{x \mid x > 10\}$.

Die Auflösung der Gleichung ergibt x = 12. Karl ist also 12, Fritz 18 Jahre alt.

Wie sieht die Lösung der gleichen Aufgabe aus, wenn man das Alter von Fritz x setzt?

U 4 Jemand kaufte Briefmarken im Wert von 24 DM. Er behauptet, dreimal soviel Vierziger und halb soviel Zwanziger wie Dreißiger gekauft zu haben. Kann das stimmen?

Wir nennen die Anzahl der Dreißiger x. Dann erhalten wir folgende Tabelle:

	Anzahl	Wert in Pfennigen
Dreißiger:	x	$x \cdot 30 = 30\,x$
Vierziger:	3 x	$3\,x \cdot 40 = 120\,x$
Zwanziger:	0,5 x	$0{,}5\,x \cdot 20 = 10\,x$

Da insgesamt Briefmarken im Wert von 2400 Pfennigen gekauft wurden, gilt:

$30\,x + 120\,x + 10\,x = 2400$.

Weil Briefmarken nicht geteilt werden können, ist die Behauptung nur dann wahr, wenn sich für alle Stückzahlen natürliche Zahlen ergeben. Die Gleichung hat die Lösung 15. Das bedeutet: 15 Dreißiger, 45 Vierziger und 7,5 Zwanziger. Die Behauptung ist also falsch.

760 DM werden an drei Personen so verteilt, daß die zweite eineinhalb mal so viel, die dritte um 25 DM mehr als die erste erhält. Wieviel bekommt jede?

U 5 Jemand geht einen Weg bei gleichmäßigem Tempo in 6 Stunden. Denselben Weg hätte er in 5 Stunden geschafft, wenn er in jeder Stunde 1 km mehr zurückgelegt hätte. Wie viele Kilometer ist er je Stunde gegangen, und wie lang ist der Weg?
Wir stellen die Aussagen der Aufgabe in einer Tabelle zusammen. Die gesuchte Geschwindigkeit nennen wir x.

	Geschwindigkeit in km/h	Zeit in h	Weg in km
bei normalem Tempo	x	6	6 x
bei größerem Tempo	x + 1	5	5 (x + 1)

Da der Weg in beiden Fällen derselbe ist, gilt

$6x = 5 \cdot (x + 1)$
$x = 5.$

Die Geschwindigkeit war also 5 km/h. Der Weg ist 6 · 5 km = 30 km lang.

Zwei Radfahrer A und B fahren einander von zwei Orten, die 100 km entfernt sind, entgegen. A fährt um 8 Uhr mit der mittleren Geschwindigkeit 16 km/h und B um 10 Uhr mit der mittleren Geschwindigkeit 18 km/h ab. Wann und wo treffen sie sich?
Anleitung: Setze für die Fahrzeit von A die Variable x.

U 6 In einem Rechteck ist die eine Seite um 5 cm länger als die andere. Vergrößert man die kleinere Seite um 8 cm und verkleinert die größere um 3 cm, so nimmt der Flächeninhalt um 56 cm^2 zu. Wie lang sind die Seiten des ursprünglichen Rechtecks?
Mache Dir eine Skizze. Die Länge der kleineren Seite sei x cm.
Dann ist die größere Seite 5 + x cm lang.
Wir stellen wieder eine Tabelle auf:

	1. Seite in cm	2. Seite in cm	Flächeninhalt in cm^2
ursprüngl. Rechteck	x	x + 5	x(x + 5)
verändertes Rechteck	x + 8	x + 5 – 3	(x + 8) · (x + 2)

Das veränderte Rechteck ist um 56 cm^2 größer als das ursprüngliche:

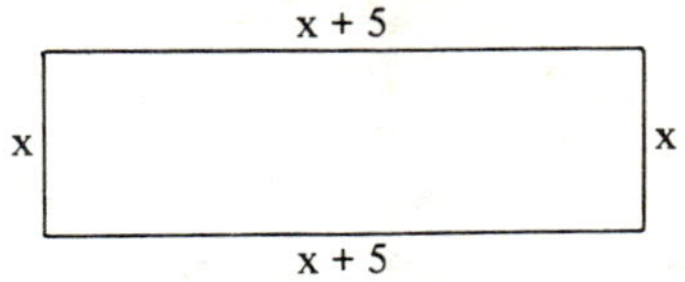

$(x + 8)(x + 2) = x(x + 5) + 56,$

$x^2 + 10x + 16 = x^2 + 5x + 56,$

$5x = 40,$

$x = 8.$

Die Seiten des ursprünglichen Rechtecks sind also 8 cm und 13 cm.

Wie lang sind die Seiten eines Rechtecks vom Umfang 20 cm, wenn die eine Seite um 3 cm kleiner ist als die andere?

U 7 Ein Becken kann über eine Röhre in 20 Stunden, über eine zweite in 30 Stunden, über eine dritte in 40 Stunden gefüllt werden. Wie lange dauert die Füllung, wenn zunächst die beiden ersten geöffnet sind und nach fünf Stunden die dritte dazugeschaltet wird?
Wir rechnen zunächst aus, welchen Bruchteil des Beckens jede Röhre in einer Stunde füllt: die erste 1/20, die zweite 1/30, die dritte 1/40. In den fünf Stunden, in denen nur die ersten beiden das Becken füllen, schaffen diese

$$\left(\frac{1}{20} + \frac{1}{30}\right) \cdot 5 = \frac{5}{12}.$$

Um die restlichen 7/12 des Beckeninhalts zu füllen, laufe das Wasser x Stunden lang durch alle drei Röhren. Das ergibt die Gleichung

$$\left(\frac{1}{20} + \frac{1}{30} + \frac{1}{40}\right) x = \frac{7}{12}.$$

$$\frac{6 + 4 + 3}{120} x = \frac{7}{12}, \quad \Big| \cdot 120$$

$$13x = 70, \; x = \frac{70}{13}.$$

Insgesamt dauert die Füllung des Beckens

$$5 + 5\frac{5}{13} = 10\frac{5}{13} \text{ Stunden.}$$

Ein Wasserbehälter hat zwei Zuflußröhren. Über die eine kann er in 4 Stunden, über die andere in 6 Stunden gefüllt werden. Wie lange dauert die Füllung, wenn das Wasser über beide Röhren gleichzeitig fließt?

U 8 Eine Maschine produziert von einem Werkstück bei normaler Belastung 200 Stück pro Stunde. Eine Firma überlastete die Maschine und schaffte dadurch 210 Stück pro Stunde. Durch die höhere Belastung verringerte sich jedoch die Lebensdauer der Maschine um 120 Stunden und die Gesamtzahl der mit ihr hergestellten Werkstücke um 3200.
Welche Lebensdauer hat die Maschine bei normalem Einsatz?
Ist die Lebensdauer bei normaler Belastung x Stunden, so ist die Lebensdauer bei stärkerer Belastung (x – 120) Stunden. Die Produktionszahlen sind dann 200 x und 210 (x – 120). Wir stellen diese Werte in einem Schema zusammen:

	Lebensdauer	Stückzahl
normale Belastung	x	200 x
erhöhte Belastung	x – 120	210 (x – 120)

Da bei Überlastung 3200 Stück weniger produziert werden, entsteht folgende Gleichung:

$$210\,(x - 120) + 3200 = 200\,x,$$
$$210\,x - 25200 + 3200 = 200\,x,$$
$$10\,x = 22000,$$
$$x = 2200.$$

Die Lebensdauer der Maschine beträgt bei normaler Belastung 2200 Stunden.

Herr Müller hat auf seinem Bankkonto 2400 DM weniger als Herr Maier. Er überweist ihm die Hälfte seines Guthabens. Danach ist das Guthaben von Herrn Maier fünfmal so groß wie das von Herrn Müller. Wieviel hatten die beiden zunächst auf ihren Konten?

U 9 Ein Quader ist 7 cm länger als breit und 3 cm breiter als hoch. Zeige, daß sich der Rauminhalt vergrößert, wenn man seine Länge um 2 cm kleiner und seine Höhe um 2 cm größer macht.
Du erhältst den Rauminhalt des Quaders, indem Du Länge, Breite und Höhe miteinander multiplizierst. Bezeichnest Du die Höhe mit x, wird der Rauminhalt des ursprünglichen Quaders

$$x(x + 3)(x + 10).$$

Der Rauminhalt des neuen Quaders ist dann

$$(x + 2)(x + 3)(x + 8).$$

Es ist zu zeigen, daß die Ungleichung

$$(x + 2)(x + 3)(x + 8) > x(x + 3)(x + 10)$$

für alle x gilt:

$$(x + 2)(x^2 + 11x + 24) - x(x^2 + 13x + 30) > 0,$$

$$x^3 + 11x^2 + 24x + 2x^2 + 22x + 48 - x^3 - 13x^2 - 30x > 0,$$

$$16x + 48 > 0,$$
$$x + 3 > 0,$$
$$x > -3.$$

Die Ungleichung gilt unter der Voraussetzung, daß die Höhe größer ist als – 3. Das ist aber immer der Fall.

Zeige: Vergrößert man in einem Quadrat die eine Seite um 1 und verkleinert die andere um 1, so verkleinert sich der Flächeninhalt.

Übungen zu Programm U

1 Gibt es drei aufeinanderfolgende natürliche Zahlen, deren Summe 41 ist?

---

2 Die Differenz zweier Zahlen ist 6; die Differenz ihrer Quadrate ist 168. Wie lauten die Zahlen?

---

3 In einem Dreieck vom Umfang 79 cm ist die erste Seite um 13 cm kleiner als das Doppelte der zweiten; die dritte ist um 8 cm größer als die Hälfte der zweiten. Wie lang sind die Seiten?

---

4 Ein Gewinn von 900 DM wird auf drei Personen A, B und C so verteilt, daß A eineinhalb mal so viel wie B und 60 DM mehr als C erhält. Wieviel bekommt jeder?

---

5 Fritz, Karl und Hans haben auf dem Flohmarkt Waren verkauft. Den Erlös teilen sie so auf, daß Fritz die Hälfte vom Erlös und Karl doppelt soviel wie Hans bekommt. Wie groß war der Erlös, wenn Fritz 20 DM mehr als Karl bekommt?

---

6 Von einem Kabel schneidet A zunächst $\frac{2}{5}$ ab. Nachdem B von dem verbleibenden Teil $\frac{1}{3}$ abgeschnitten hat, sind noch 8 m übrig. Wie lang war das Kabel ursprünglich?

---

7 Verlängert man die eine Seite eines Quadrates um 7 cm, so wächst die Fläche um 217 cm^2. Wie groß ist das Quadrat?

---

8 Die eine Seite eines Rechtecks ist 18 cm lang. Verlängert man diese Seite um 2 cm, während man gleichzeitig die andere um 4 cm verkürzt, so nimmt der Flächeninhalt des Rechtecks um 32 cm^2 ab. Wie lang ist die zweite Seite des ursprünglichen Rechtecks?

---

9 Zwei Radfahrer A und B fahren einander von zwei 85 km entfernten Orten entgegen. Sie treffen sich nach $2\frac{1}{2}$ Stunden. Mit welcher Geschwindigkeit fuhr A, wenn B durchschnittlich je Stunde 2 km weniger als A zurücklegte?

---

10 Um 8.20 Uhr startet ein Flugzeug zu einem 860 km langen Flug. Nach 40 Minuten Flugzeit setzt Gegenwind ein, wodurch die Geschwindigkeit um 40 km/h vermindert wird. Wie groß ist die Geschwindigkeit während der ersten 40 Minuten, wenn das Flugzeug um 10 Uhr am Ziel eintrifft?

Wir hoffen, das Buch hat seinen Zweck erfüllt. Bevor Du es jedoch weglegst, solltest Du noch einmal Deinen Lernerfolg kontrollieren:

Test V

Aufgabe Q
Markiere die Menge

$\mathbb{A} = \{x \mid 1 < x \leqslant 5\}$

auf der Zahlengeraden.

Aufgabe R
Bestimme die Lösungsmenge der Aussageform

$2(x + 3) + 5x \leqslant 6x$.

Aufgabe S
Welche Lösungsmenge hat die Aussageform

$$x(8 - 3x) \leqslant (-3x + 1)(x - 3)?$$

Aufgabe T
Löse die Aussageform

$$a(x - 2) + 5x \geqslant x(a + 7) + b$$

nach x auf.
Welche Lösung ergibt sich für $a = 2$ und $b = 1$?

Aufgabe U
In einem Rechteck ist die eine Seite doppelt so lang wie die andere. Verkürzt man die kleinere Seite um 4 cm, so muß man die größere Seite um 10 cm verlängern, damit sich der Flächeninhalt nicht ändert. Wie groß sind die Seiten des ursprünglichen Rechtecks?

Die Lösungen zu den Testfragen findest Du auf Seite 166.
War alles richtig? – Dann hast Du das Lehrziel dieser Einführung in die Algebra erreicht. Wenn Dir der Stil gefallen hat, empfehlen wir Dir den Fortsetzungsband für Klasse 8.
Hast Du dagegen bei der Beantwortung der Testfragen Fehler gemacht, solltest Du die Programme Q, R, S, T, U und das daran anschließende Übungsmaterial noch einmal durchgehen und zwar:
Programm Q bei Fehlern in Aufgabe Q,
Programm R bei Fehlern in Aufgabe R,
Programm S bei Fehlern in Aufgabe S,
Programm T bei Fehlern in Aufgabe T,
Programm U bei Fehlern in Aufgabe U.
Danach wird Dir die Wiederholung des Testes keine Schwierigkeiten mehr machen. Wir wünschen Dir bei Deinen weiteren mathematischen Studien viel Erfolg.

Lösungen

Programm A

A 1 $1+1$; $1-1$; $1 \cdot 1$; $1:1$.

A 2 $6 \cdot 2 = 12$; $6:2=3$; $12-3=9$.

A 3 Der erste Summand ist $3 \cdot 4$. Er hat die Faktoren 3 und 4.

A 4 $2^{10} = 1024$.

A 5 4; denn $3^4 = 81$.

A 6 1; 4; 9; 16; 25; 36; 49; 64; 81; 100; 121; 144; 169; 196; 225.

A 7 $13-3 = 100:10$; $13-3 \neq 11 \cdot 2$; $100:10 \neq 11 \cdot 2$.

A 8 $7-3 < 2+3$; $2+3 > 7-3$.

A 9 a) falsch, b) wahr, c) falsch.

A 10 $35-12+2 = 25$.

A 11 a) 6300, b) 0.

A 12 Die Aussage lautet $52 < 34$, ist also falsch.

A 13 $[(15-8)-1]:(15-12) = [7-1]:3 = 6:3 = 2$.

Übungen zu Programm A

1 a) falsch, b) falsch, c) wahr.

2 a) 10368, b) 5.

3 a) 75, b) 2, c) 180.

4 a) 27, b) 35, c) 59.

5 a) $(2-1) \cdot 5 + [6 + 6 : 6] \cdot 3 = 5 + 7 \cdot 3 = 5 + 21 = 26$,
b) $(16 + 18) \cdot (10 + 6) = 34 \cdot 16 = 544$,
c) $[8 + 3 \cdot 4 \cdot 8] : (5-1) = [8 + 96] : 4 = 104 : 4 = 26$,
d) $[(9-6) \cdot 5 + 1] : (27 - 23) = [3 \cdot 5 + 1] : 4 = [15 + 1] : 4 = 16 : 4 = 4$,
e) $[(21 - 10) \cdot 2 - 10] : (24 : 2) = [11 \cdot 2 - 10] : 12 = [22 - 10] : 12 = 12 : 12 = 1$.

6 a) $9 : 3 \neq 7 \cdot 3 - 18$; $3 \neq 3$, also falsch;
b) $[4 + (4 + 12)] : 5 > 22 - 16$; $20 : 5 > 6$, also falsch;
c) $11 - 3 \cdot 1 < 8 \cdot 1$; $8 < 8$, also falsch.

7 a) $4 < 8$, also wahr; b) $4 > 3 + 1$, also falsch;
c) $9 \neq 8$, also wahr.

Programm B

B 1 $a < a \cdot a$ oder $a < a^2$.

B 2 $36 < 216$.

B 3 $a < a^2 + 1$.

B 4 $2 \cdot 3 < 2 \cdot 2 \cdot 2$; $3 \cdot 3 < 3 \cdot 3 \cdot 3$;
$4 \cdot 3 < 4 \cdot 4 \cdot 4$; $5 \cdot 3 < 5 \cdot 5 \cdot 5$;
$3a < a \cdot a \cdot a$ oder $3a < a^3$.

B 5 z.B. $1 + 2 = 2 + 1$; $103 + 4 = 4 + 103$; $20 + 9 = 9 + 20$.

B 6 Für $a = 1$ und $b = 1$.

B 7 $1 + 2 \cdot 1 < 1^2$; $2 + 2 \cdot 2 < 2^2$; $3 + 2 \cdot 3 < 3^2$.
Alle Aussagen sind falsch.

B 8 $a + b < a \cdot b$; die zweite Aussage ist falsch.

B 9 Nein; denn für $a = 1$ entsteht die falsche Aussage $2 < 1$.

Übungen zu Programm B

1 $2a + a = 3a$.

---

2 $a^2 \cdot a = a^3$.

---

3 $a(a + 2) < a \cdot a$ oder $a(a + 2) < a^2$.

---

4 $2 \cdot 1 < 1^2 + 1$; $2 \cdot 2 < 2^2 + 1$; $2 \cdot 3 < 3^2 + 1$; $2 \cdot 4 < 4^2 + 1$.
Aussageform: $2a < a^2 + 1$.

---

5 1 eingesetzt: $1 \neq 1$, also falsch; 2 eingesetzt: $4 \neq 8$, also wahr;
3 eingesetzt: $9 \neq 27$, also wahr.

---

6 $8 - 6 < 4$ ist wahr; $27 - 9 < 9$ ist falsch; $64 - 12 < 16$ ist falsch.

---

7 Für 6, 7, 8, 9, 10.

---

8 $a + 2 \cdot b \neq (a \cdot b)^2$.

Programm C

C 1 $a - b = b - a$ ist keine Formel; denn $2 - 1 \neq 1 - 2$.

C 2 $4 : 2 \neq 2 : 4$.

C 3 Immer, wenn $a = b$ ist.

C 4 $8a$.

C 5 $11x + 6y + 13z$.

C 6 $2a^3 + 2a^3 + a^2 + 3a^2 + a - a = 4a^3 + 4a^2$.

C 7 $(ab)c = 100 \cdot 0 = 0$,
$a(bc) = 10 \cdot 0 = 0$.

C 8 $5ab^3$.

C 9 $144a^3b^4c^3$.

C 10 a^4b^3.

C 11 $a^2b^2a^2b^2a^2b^2 = aabbaabbaabb = aaaaaabbbbbb = a^6b^6$.

C 12 $a^4b^8c^{12}$.

C 13 $c \cdot b = a$.

C 14 a) $89 \cdot 17 = 1513$, also falsch, b) $129 \cdot 209 = 26961$, also richtig.

C 15 $0 : a = 0$, da $0 \cdot a = 0$.

C 16 $17 \cdot 0 = 0$; $99 \cdot 0 = 0$.

Übungen zu Programm C

1 a), b) und c) sind Formeln. d) ist keine Formel, da für $a = 10$ die falsche Aussage $10 \cdot 10 \neq 100$ entsteht. e) ist keine Formel, da für $a = 1$ und $b = 1$ die falsche Aussage $1 : 1 \neq 1 \cdot 1$ entsteht.

2 a) $21a$, b) $5a + 3b$, c) $17a + 9x$.

3 a) $5a^3b^2 + 3a^3b$, b) $a^2 + 6ab + b^2$, c) $4x^2y$.

4 1. Das kommutative Gesetz, 2. das assoziative Gesetz.

5 a) $15a^2$, b) $15a^3b^2$, c) $8a^3b^2$, d) $72a^2b$.

6 a) $a^9 b^6 c^6$, b) $25 a^2 b^6$, c) $27 a^6 b^3 c^3$.

---

7 a) $x^7 z^3$, b) $x y^5 z^3$, c) $(x^2 y^4)(x^6 y^2) = x^8 y^6$.

---

8 $a : a = 1$, weil $1 \cdot a = a$.

Programm D

D 1 $\frac{1}{2} \notin \mathbb{N}$; $0 \notin \mathbb{N}$; $3\ \mathbb{N}$.

D 2 6, denn $2 \cdot 6 - 10 = 2$.

D 3 1; 2; 3.

D 4 0 und 1.

D 5 1; 2; 3.

D 6 $\mathbb{L} = \{1; 2\}$.

D 7 $\mathbb{L} = \{2; 3\}$.

D 8 Für b), denn bei a) gehört 1 nicht zur Lösungsmenge.

D 9 Bei a), b), d).

D 10 Nur a); denn bei b) ist etwa 2 und bei c) 1 Lösung.

D 11 $\mathbb{M}_1$ und $\mathbb{M}_3$.

D 12 $\mathbb{B} \subset \mathbb{A}$; $\mathbb{A} \subseteq \mathbb{C}$; $\mathbb{C} \subseteq \mathbb{A}$; $\mathbb{B} \subset \mathbb{C}$.

D 13 $\mathbb{L} = \mathbb{G}$.

D 14 $\mathbb{L} = \{1\}$.

Übungen zu Programm D

1 a) wahr, b) wahr, c) falsch, d) falsch.

---

2 a) $\mathbb{L} = \{6\}$, b) $\mathbb{L} = \{2;3;4;5;...\}$, c) $\mathbb{L} = \{1;2;3\}$,
d) $\mathbb{L} = \{1\}$, e) $\mathbb{L} = \emptyset$.

---

3 Nein; denn für $x = 1$ ergibt sich eine falsche Aussage.

---

4 Nur für a); b) ist für $a = 0$ falsch und c) für $a = 2$.

---

5 Für a) und c); b) hat die Lösung 0.

---

6 a) falsch, b) falsch, c) falsch.

Programm E

E 1 Die Summe der ersten zehn natürlichen Zahlen beträgt 55.

E 2 Ja. Der Satz ist eine Aussage, die allerdings falsch ist.

E 3 Das Quadrat einer natürlichen Zahl ist kleiner als 5.

E 4 Das Produkt zweier natürlicher Zahlen, die sich um 1 unterscheiden, ist kleiner als 3.

E 5 $n + (n + 1) + (n + 2) = 20;\ n \in \mathbb{N}$. Die Gleichung hat keine Lösung.

E 6 $v = \frac{s}{t}$

E 7 $(x + 1)(x - 2) = 12$.
Die Gleichung ist mit natürlichen Zahlen nicht lösbar. Man erkennt das durch Probieren.

E 8 Ist die Quadratseite x, dann gilt

$(x + 1)(x - 1) < x^2$.

Übungen zu Programm E

1 a) Die Differenz der Zahlen 3 und 2 ist kleiner als ihr Produkt.
b) Das Produkt der Zahlen 20 und 5 ist größer als ihr Quotient.

---

2 a) Die Summe der ersten drei ungeraden Zahlen ist 3^2.
b) Die Summe der ersten vier ungeraden Zahlen ist 4^2.

---

3 Das Quadrat einer natürlichen Zahl ist kleiner als das Produkt aus der Zahl und der folgenden.

---

4 Die Summe dreier aufeinanderfolgender natürlicher Zahlen ist 18.

---

5 Die Differenz zweier aufeinanderfolgender Quadratzahlen ist 9.

---

6 $3n = 2n + 8; \quad n \in \mathbb{N}; \quad \mathbb{L} = \{8\}$.

---

7 $(x + 1)^2 = 4x^2$
Lösung ist 1.

---

8 $(x + 1) \cdot (x - 2) = x^2; \quad x \in \mathbb{N}; \mathbb{L} = \emptyset$.

---

9 $n(n + 1)(n + 2)(n + 3) > n + n + 1 + n + 2 + n + 3; \; n \in \mathbb{N}$.
Die Aussageform ist allgemeingültig.

Test I

Aufgabe A

$4(36 : 9 + 10) > 2 \cdot (30 - 2),$
$4(4 + 10) > 2 \cdot 28,$
$4 \cdot 14 > 56,$
$56 > 56.$

Die Aussage ist falsch.

Aufgabe B

$(ab)^3 = a^3 b^3$.

Aufgabe C

a) $4a^6 b^2 c^4 abc = 4a^7 b^3 c^5$,

b) Das kommutative und das assoziative Gesetz der Multiplikation.

Aufgabe D

$\mathbb{L} = \emptyset$. Die Lösungsmenge ist eine echte Teilmenge der Grundmenge.

Aufgabe E

$n + (n + 2) = n \cdot (n + 2)$; $n \in \mathbb{N}$; $\mathbb{L} = \emptyset$.

Programm F

F 1 a); c); d); e).

F 2 $-[-(-3)] = -(+3) = -3$, also entsteht eine wahre Aussage.

F 3 Nein. Es ist $|-3| > |-2| > |0|$.

F 4 a) $1 + 1 = 2$, b) $1 - 1 = 0$, c) $1 - 1 = 0$.

F 5

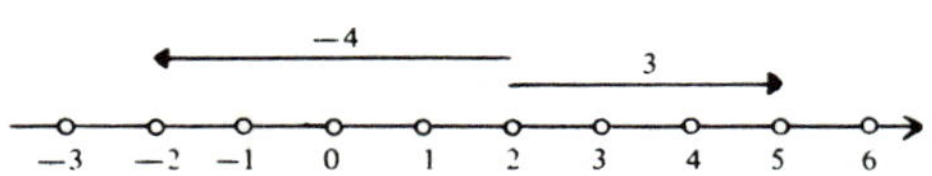

Die Endpunkte kommen auf 5 und -2.

F 6 Die beiden nach rechts gerichteten Vektoren haben den Betrag 3, der nach links gerichtete den Betrag 4.

F 7 $(-3) + (-5) = -8$; $(-5) + (-3) - 8$.

F 8

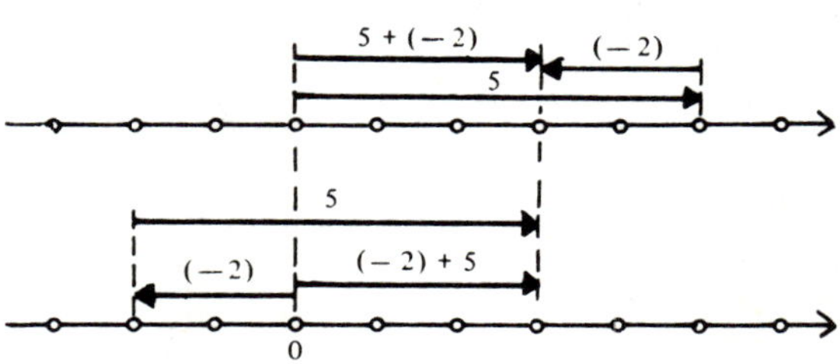

Man darf die Summanden vertauschen.

F 9 $(-2)+3=1$; $3+(-2)=1$,
$5+(-7)=-2$; $(-7)+5=-2$.
Das kommutative Gesetz gilt.

F 10 $-a$

F 11 $(-3)+2=-1$; $(-5)+4=-1$.
Die Aussage ist wahr.

F 12 $5+[(-1)+(-6)]=5+(-7)=-2$,
$[5+(-1)]+(-6)=4+(-6)=-2$.
Das Gesetz ist in diesem Fall erfüllt.

F 13 $(-1)-(-4)=3$. Du setzt $3=c$; $(-4)=b$; $(-1)=a$.

F 14 $6-(-2)=8$; $(-3)-5=-8$; $(-3)-(-5)=2$.

F 15 a) 7, b) -9, c) 4.

F 16 a) 12, b) 4, c) 0.

Übungen zu Programm F

1 $5, 2, |-1|, -3, -9$ oder $5>2>|-1|>-3>-9$.

---

2 a) -5, b) 5.

---

3 $3+1+2-3=3$.

---

4 Die Formel gilt, wenn a und b entweder beide positiv oder beide negativ sind oder mindestens eine der beiden Zahlen gleich Null ist.

---

5 a)

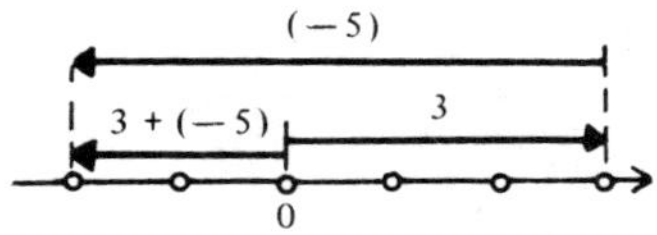

Ergebnis: − 2

b)

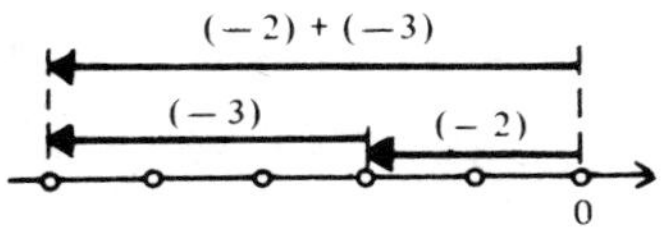

Ergebnis: − 5

c)

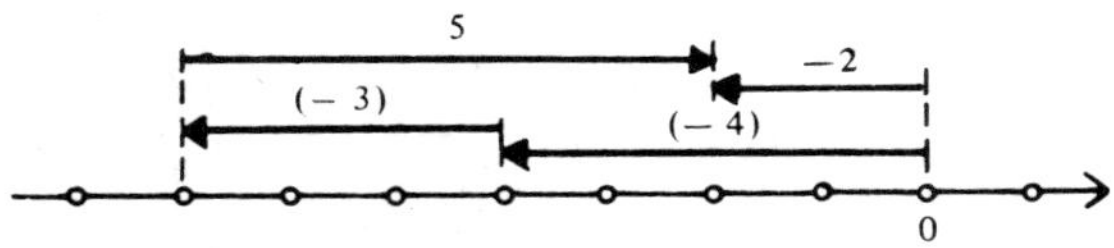

Ergebnis: − 2

---

6 a) 6, b) − 10, c) − 1.

---

7 $[(-6)+3]+(-4)=(-3)+(-4)=-7.$

$(-6)+[3+(-4)]=(-6)+(-1)=-7.$

Wegen des assoziativen Gesetzes der Addition sind die Ergebnisse gleich.

---

8 $3+8=11 \neq 5$, also ist die Aussage falsch.

---

9 $5-(-3)=8$, weil $8+(-3)=5$,

$3-4=-1$, weil $-1+4=3$.

---

10 $5-(-5)=10$, weil $10+(-5)=5$,

$(-3)-4=-7$, weil $(-7)+4=-3$,

$(-4)-(-8)=4$, weil $4+(-8)=-4$.

---

11 1. Leerstelle „Subtrahenden“; 2. Leerstelle: „Minuenden“.

---

12 a) 1, b) 31, c) 0, d) 7.

Programm G

G 1 $-4.$

G 2 $5+(-9)+(-8)+7+1=-4.$

G 3 $17+(-25)+38+3+25+(-8)=$
$[17+3]+[(-25)+25]+[38+(-8)]=$
$20+0+30=50.$

G 4 $\underbrace{22+8}+\underbrace{21+9}-\underbrace{19-11}=30+30-30=30.$

G 5 $3x-8y+5z.$

G 6 $(215+803+21)-(719+52)=1039-771=268.$

G 7 $6+(-2)+3=7, \; -[(-6)+2+(-3)]=-[-7]=7.$

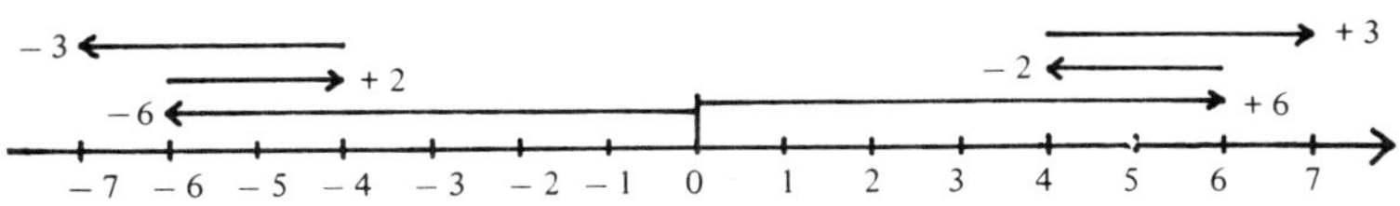

G 8 $-3a+2+4b.$

G 9 $-x^2-2x+3.$

G 10 $3a+8b-5c.$

Übungen zu Programm G

1 a) $15+3+(-4)+(-6)+11,$
b) $11a+(-7a)+6a+5a+(-13a),$
c) $11a+(-12b)+10a+(-13b).$

---

2 a) $14a-17b,$ b) $-3x^2+17x,$ c) $-2x^3+10x^2,$
d) $10x^3y-4ax^2+by^3.$

---

3 a) $(8024 + 1012 + 13) - (1101 + 1604 + 1448) = 9049 - 4153 = 4896$,
b) $(5022\,a + 124\,a + 1800\,a) - (110\,a + 1000\,a + 160\,a) =$
$6946\,a - 1270\,a = 5676\,a$.

---

4 a) $a - b + c + d + e$, b) $a - b - c - d$,
c) $a - b + c - d - e - f$, d) $-a + b - c + d - e + f$.

---

5 a) $3\,a + b - a + b - 2\,a = 2\,b$,
b) $a - b - 2\,a + b + 2\,a - 3\,b = a - 3\,b$,
c) $x - x^2 - x - x^2 + 2\,x = -2\,x^2 + 2\,x$,
d) $a\,x^2\,y - bx\,y^2 + a\,x^2\,y + 2\,a\,x^3\,y - bx\,y^2 - a\,x^2\,y =$
$a\,x^2\,y + 2\,a\,x^3\,y - 2\,bx\,y^2$.

---

6 a) $5\,x - (6\,y + 3\,z)$, b) $x^2 - (x - x^3)$,
c) $3\,x^2 - (-x + x^3)$.

Programm H

H 1

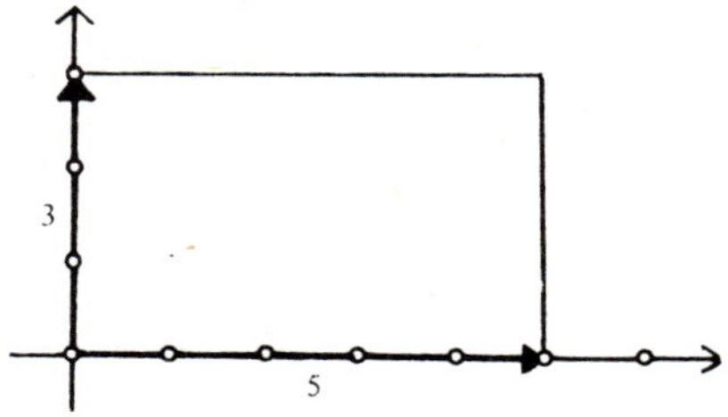

H 2 $3 \cdot (7 - 2) = 3 \cdot 5 = 15$; $3 \cdot 7 - 3 \cdot 2 = 21 - 6 = 15$.

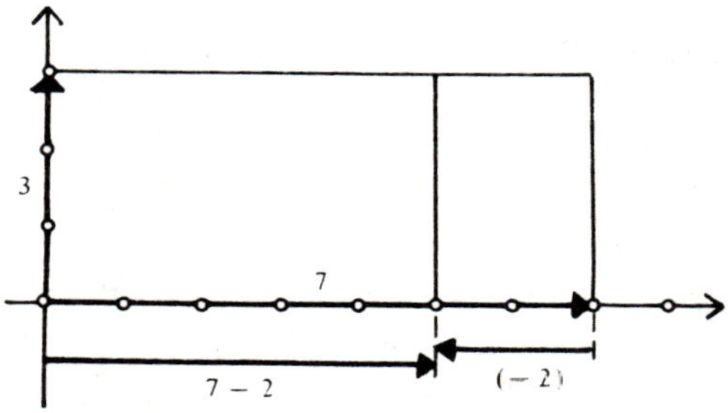

H 3 $20 \cdot (-7) = -140$.

H 4 $(-12) \cdot (+5) = -60$.

H 5 $(+12) \cdot (-5) = -60$.

H 6 $a \cdot b = b \cdot a; \quad a, b \in \mathbb{Z}$.

H 7 $(-1) \cdot [(-2) + (-3)] = (-1) \cdot (-5) = 5$,
$(-1) \cdot (-2) + (-1) \cdot (-3) = 2 + 3 = 5$.

H 8 $6\,xz + 3\,yz$.

H 9 a) $[(-1) \cdot (-2)] \cdot (-3) = 2 \cdot (-3) = -6$,
$(-1) \cdot [(-2) \cdot (-3)] = (-1) \cdot 6 = -6$.
b) $[(+2) \cdot (-3)] \cdot (-4) = (-6) \cdot (-4) = 24$,
$(+2) \cdot [(-3) \cdot (-4)] = (+2) \cdot (+12) = 24$.

H 10 8.

H 11 $1 + (-1) = 0$.

H 12 a) wahr, b) wahr, c) falsch.

H 13 Ist n gerade, so ergibt sich $1 + (-1) = 0$.
Ist n ungerade, so ergibt sich $(-1) + 1 = 0$.
Das Ergebnis ist also in jedem Fall 0.

H 14 $(-a^3) \cdot (-a^5) \cdot (-b^3) = -a^8 b^3$.

H 15 $(-12) : (-2) = 6$.
Dividiert man eine negative Zahl durch eine negative, so erhält man eine positive.

H 16 $12 : (-4) = -3$.
Dividiert man eine positive durch eine negative Zahl, so erhält man eine negative.

H 17 $(-24) : (-6) : (-4) = 4 : (-4) = -1$.

Übungen zu Programm H

1 a) -10, b) 18, c) 2, d) -3.

---

2 a) 24, b) -24, c) 24.

---

3 a) negativ, b) negativ, c) negativ.

---

4 Die fehlenden Wörter sind „positiv“ und „ungeradzahlig“.

---

5 a) $-72\,p^2\,q^3$, b) $1024\,a^2\,b^3$, c) $-72\,x^5$.

---

6 a) $-1024\,x^2\,y^3\,z^4$, b) $-500\,x^3$.

---

7 a) $[(-3)+(+1)]\cdot(-4)=(-2)\cdot(-4)=8$,
$(-3)\cdot(-4)+(+1)\cdot(-4)=12+(-4)=8$.
b) $[(+4)-(+8)]\cdot(-1)=(-4)\cdot(-1)=4$,
$(+4)\cdot(-1)-(+8)\cdot(-1)=(-4)-(-8)=4$.

---

8 a) $xz-yz+xy-xz=xy-yz$,
b) $3x^2-xy-xy+xz=3x^2-2xy+xz$,
c) $-3a-b+3a-3b=-4b$.

---

9 a) $x^3y^2-x^2y^3-x^3y^2+2x^2y^3=x^2y^3$,
b) $2a^5b^2+a^4b^3+3a^5b^2-a^4b^3=5a^5b^2$.

Test II

Aufgabe F

a) $(-5)-(-3)=-2$, weil $(-2)+(-3)=-5$.
b) $(-8)+|(-1)|=-8+1=-7$.

Aufgabe G

$3a^2+(-4b)+7a^2+(-3b)+6a^2=16a^2-7b$.

Aufgabe H

$64xz-32yz+16z^2+6yz=64xz-26yz+16z^2$.

Programm I

I 1 a) 1; 2; 3; 4; 5; 6; 8; 10; 12; 15; 20; 24; 30; 40; 60; 120.
b) 1; 29.

I 2 a) Primzahl, b) $5 \cdot 9$, c) $10 \cdot 12$, d) $13 \cdot 17$.

I 3 $150 = 2 \cdot 3 \cdot 5^2$, $240 = 2^4 \cdot 3 \cdot 5$.

I 4

$$\begin{array}{ll} 188 & = 2^2 \cdot 47 \\ 1600 & = 2^6 \cdot 5^2 \\ \hline \text{ggT} & = 2^2 = 4. \end{array}$$

I 5 kgV = 80.

I 6

$$\begin{array}{ll} 16 & = 2^4 \\ 60 & = 2^2 \cdot 3 \cdot 5 \\ 80 & = 2^4 \cdot 5 \\ \hline \text{kgV} & = 2^4 \cdot 3 \cdot 5 = 240. \end{array}$$

I 7 13320.

I 8

$$\begin{array}{ll} 16 & = 2^4 \\ 24 & = 2^3 \cdot 3 \\ 30 & = 2 \cdot 3 \cdot 5 \\ \hline \text{ggT} & = 2 \\ \text{kgV} & = 2^4 \cdot 3 \cdot 5 = 240. \end{array}$$

Übungen zu Programm I

1 2; 17.

---

2 $225 = 3^2 \cdot 5^2$, $6000 = 2^4 \cdot 3 \cdot 5^3$, $323 = 17 \cdot 19$.

---

3 $12 = 2^2 \cdot 3$
$40 = 2^3 \cdot 5$
Gemeinsame Teiler: 1; 2; 4.

---

4 60, 120, 180 oder drei andere Vielfache von 60.

---

5 a) ggT = 1; kgV = 84, b) ggT = 8; kgV = 120,
c) ggT = 2; kgV = 1200, d) ggT = 2; kgV = 1560.

---

6 5; 7.

Programm J

J 1

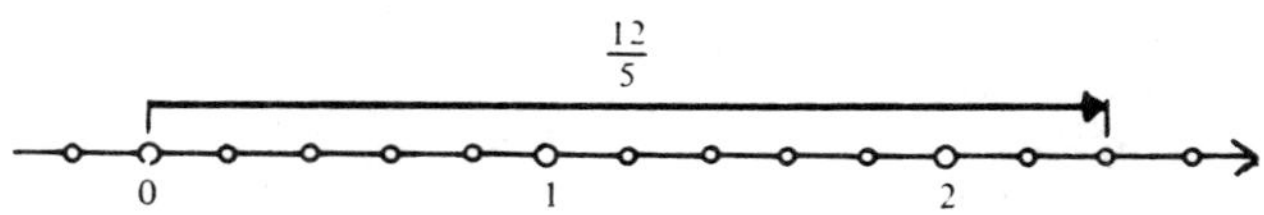

J 2 $\frac{3}{4} > \frac{2}{3}$.

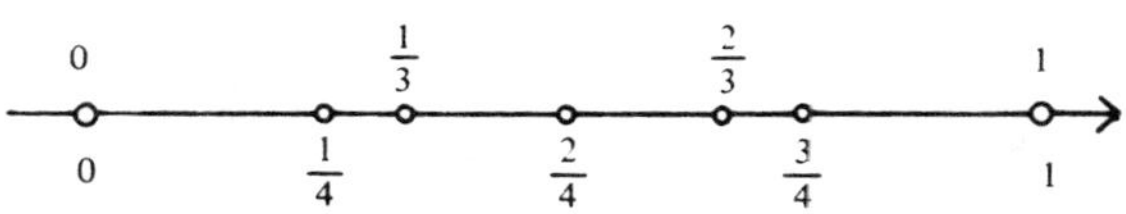

J 3

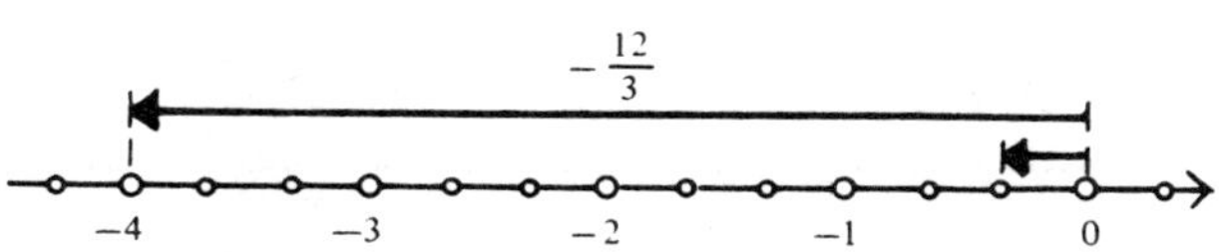

J 4 a) wahr, b) falsch, c) wahr.

J 5 $\frac{a}{a} = 1$; $a \neq 0$.

J 6 $5 = \frac{35}{7}$.

J 7 Ja; denn $3 = \frac{3}{1}$.

J 8 $\mathbb{Z} \subset \mathbb{Q}$.

Übungen zu Programm J

1

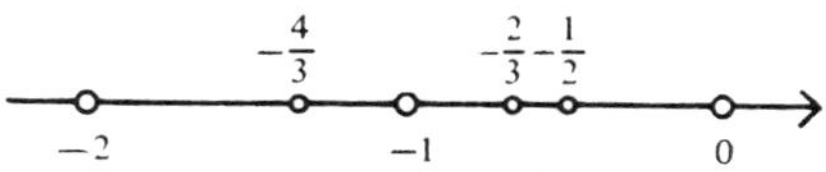

$-\frac{4}{3} < -\frac{2}{3} < -\frac{1}{2}$.

---

2 a) wahr, b) falsch, denn $\frac{3}{4} > \frac{5}{7}$, c) falsch, denn $\frac{1}{2} > \frac{1}{3}$.

---

3 $\frac{12}{4}$; $\frac{20}{4}$; $-\frac{8}{4}$.

---

4 Ja.

Programm K

K 1 $\frac{2}{3}$ und $\frac{16}{24}$.

K 2 $\frac{1}{2}$, 2, $\frac{24}{13}$. $\frac{42}{65}$ läßt sich nicht kürzen.

K 3 $765 = 3^2 \cdot 5 \cdot 17$

$2160 = 2^4 \cdot 3^3 \cdot 5$

ggT $= 3^2 \cdot 5 = 45$.

Kürzen: $\frac{765}{2160} = \frac{17}{2^4 \cdot 3} = \frac{17}{48}$.

K 4 a) $-\frac{1}{3}$, b) $\frac{4}{9}$, c) $-\frac{5}{6}$, d) $\frac{11}{8}$.

K 5 $\frac{3}{5}$, 5 b. Voraussetzungen: $x \neq 0$ und $a \neq 0$.

K 6 $\frac{c}{1} = c$.

K 7 $\frac{y}{2x}$.

K 8 $\frac{3a^2b}{ac}$.

K 9 $\frac{35}{105}$; $\frac{21}{105}$; $\frac{15}{105}$.

K 10 Nein, denn $\frac{7}{12} < \frac{9}{12}$.

K 11

$150 = 2 \cdot 3 \cdot 5^2$

$125 = 5^3$

$250 = 2 \cdot 5^3$

$\text{kgV} = 2 \cdot 3 \cdot 5^3 = 750$.

$\frac{1}{150} = \frac{5}{750}$; $\frac{1}{125} = \frac{6}{750}$; $\frac{1}{250} = \frac{3}{750}$.

K 12 $\frac{c^3}{ac^2}$; $\frac{a^2}{ac^2}$; $\frac{c}{ac^2}$.

Übungen zu Programm K

1 a) $\frac{2}{5}$, b) $\frac{5b}{7}$, c) $\frac{2a}{b}$ ($a \neq 0$; $b \neq 0$).

---

2 a) $-\frac{5}{2}$, b) $\frac{2}{5}$, c) $\frac{22}{25}$.

---

3 a) $\frac{a}{bc}$, b) $\frac{xz}{2y}$, c) $\frac{3bx}{2a}$, d) $-\frac{2x}{3}$.

---

4 a) $819 = 3^2 \cdot 7 \cdot 13$
$182 = 2 \cdot 7 \cdot 13$

$\text{ggT} = 7 \cdot 13 = 91$

$\frac{819}{182} = \frac{9}{2}$.

b) $2255 = 11 \cdot 5 \cdot 41$
$3157 = 11 \cdot 7 \cdot 41$

$\frac{2255}{3157} = \frac{5}{7}$.

---

5 a) $\frac{155}{85}$, b) $\frac{186\,a^2\,b}{102\,a^2\,b}$.

---

6 a) $\frac{3}{21}$; $\frac{14}{21}$, b) $\frac{3}{8}$; $\frac{10}{8}$, c) $\frac{21}{126}$; $\frac{45}{126}$, d) $\frac{189}{180}$; $\frac{130}{180}$.

---

7 a) $\frac{18}{24}$; $\frac{21}{24}$; $\frac{10}{24}$, also $\frac{5}{12} < \frac{3}{4} < \frac{7}{8}$.

b) $-\frac{16}{56}$; $-\frac{21}{56}$; $\frac{28}{56}$, also $-\frac{3}{8} < -\frac{2}{7} < \left|-\frac{1}{2}\right|$.

c) $\frac{170}{30}$; $\frac{55}{30}$; $\frac{22}{30}$, also $\frac{11}{15} < \frac{11}{6} < \frac{17}{3}$.

---

8 a) $\frac{3\,ab}{30\,a^3\,b^2\,c}$, $\frac{6\,a^2}{30\,a^3\,b^2\,c}$, $\frac{2\,b^2}{30\,a^3\,b^2\,c}$,

b) $\frac{b\,c^3}{a^2\,b^2\,c^2}$, $\frac{a^3\,c}{a^2\,b^2\,c^2}$, $\frac{a\,b^3}{a^2\,b^2\,c^2}$.

Programm L

L 1 $\frac{a}{c} + \frac{b}{c} = \frac{a+b}{c}$; c darf nicht Null sein.

L 2

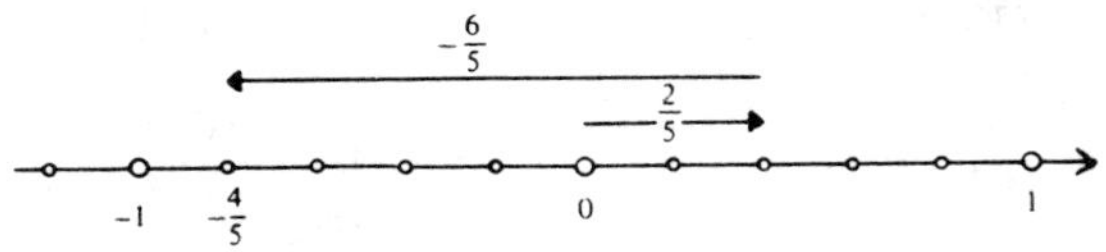

L 3 $\frac{11}{7}$.

L 4 $\frac{15}{36} - \frac{26}{36} = -\frac{11}{36}$.

L 5 $\frac{1}{b}$ ist der größere Bruch. Die Differenz ist $\frac{1}{b} - \frac{1}{a} = \frac{a-b}{ab}$.

L 6 $9\,\frac{60+35+70}{84} = 9\,\frac{165}{84} = 10\,\frac{81}{84} = 10\frac{27}{28}$.

L 7 $13 + \left(\frac{3}{14} + \frac{13}{21}\right) - 5 - \left(\frac{5}{6} + \frac{1}{4}\right) = 13\frac{35}{42} - 5\frac{13}{12} = 13\frac{5}{6} - 6\frac{1}{12} =$

$13\frac{10}{12} - 6\,\frac{1}{12} = 7\,\frac{9}{12} = 7\frac{3}{4}$.

L 8 a) 7,30 – 5,40 = 1,90, b) $7\,\frac{45}{100} = 7\frac{9}{20}$.

L 9

$160 = 2^5 \cdot \quad 5$	$3 \cdot 5$
$150 = 2 \quad \cdot 3 \cdot 5^2$	2^4

$HN = 2^5 \cdot 3 \cdot 5^2$

$HN = 2400$

$\frac{13}{160} + \frac{1}{150} = \frac{195+16}{2400} = \frac{211}{2400}$.

L 10

$320 = 2^6 \qquad \cdot 5$	3^2
$180 = 2^2 \cdot 3^2 \cdot 5$	2^4
$240 = 2^4 \cdot 3 \quad \cdot 5$	$2^2 \cdot 3$

$HN = 2^6 \cdot 3^2 \cdot 5$

$HN = 2880$

$$\frac{1}{320}+\frac{1}{180}+\frac{1}{240}=\frac{9+16+12}{2880}=\frac{37}{2880}.$$

L 11 $$\frac{x^3}{x^2\,y^2}-\frac{y^3}{x^2\,y^2}+\frac{x\,y}{x^2\,y^2}=\frac{x^3-y^3+xy}{x^2\,y^2}.$$

Übungen zu Programm L

1 a) $\frac{9}{8}=1\frac{1}{8}$, b) $\frac{6}{5}=1\frac{1}{5}$.

---

2 a) $11\frac{2}{3}\,a-8\frac{2}{3}\,a=3\,a$,

b) $3\frac{7}{5}\,x-3\frac{3}{5}\,x=\frac{4}{5}\,x$,

c) $9\frac{3}{3}-10\frac{4}{3}=10-10\frac{4}{3}=-\frac{4}{3}=-1\frac{1}{3}$.

---

3 a) $\frac{1}{8}+\frac{2}{8}=\frac{3}{8}$, b) $\frac{1}{27}-\frac{6}{27}=-\frac{5}{27}$,

c) $\frac{10}{60}+\frac{6}{60}-\frac{40}{60}+\frac{25}{60}=\frac{41}{60}-\frac{40}{60}=\frac{1}{60}$.

---

4 a) $2\frac{1}{10}+\frac{1}{3}=2\frac{3}{30}+\frac{10}{30}=2\frac{13}{30}$,

b) $1\frac{25}{100}-1\frac{3}{5}=1\frac{1}{4}-1\frac{3}{5}=1\frac{5}{20}-1\frac{12}{20}=-\frac{7}{20}$,

c) $7\frac{13}{100}\,a+\frac{28}{100}\,a=7\frac{41}{100}\,a$.

---

5 a) $\frac{35}{60}-\frac{15}{60}+\frac{24}{60}=\frac{59}{60}-\frac{15}{60}=\frac{44}{60}=\frac{11}{15}$,

b) $\frac{33}{60}-\frac{108}{60}+\frac{8}{60}=\frac{41}{60}-\frac{108}{60}=-\frac{67}{60}=-1\frac{7}{60}$.

---

6 a) $1\frac{7}{7}\,a-\frac{3}{7}\,a=1\frac{4}{7}\,a$,

b) $2\frac{3}{36}\,b - 3\frac{16}{36}\,b = -\left(3\frac{16}{36}\,b - 2\frac{3}{36}\,b\right) = -1\frac{13}{36}\,b$,

c) $\frac{12\,x^2\,y}{12} - \frac{4\,x^2\,y}{12} - \frac{3\,x^2\,y}{12} = \frac{12\,x^2\,y}{12} - \frac{7\,x^2\,y}{12} = \frac{5\,x^2\,y}{12}$.

---

7 a) $720 = 2^4 \cdot 3^2 \cdot 5$ | 2

$480 = 2^5 \cdot 3 \cdot 5$ | 3

$HN = 2^5 \cdot 3^2 \cdot 5 = 1440$

$\frac{1}{720} + \frac{29}{480} = \frac{2+87}{1440} = \frac{89}{1440}$,

b) $\frac{77}{7280} - \frac{65}{7280} = \frac{12}{7280} = \frac{3}{1820}$,

c) $\frac{295}{2400} + \frac{852}{2400} = \frac{1147}{2400}$.

---

8 a) $3{,}4\,a - 3{,}1\,a + 1{,}6\,b - 4{,}2\,b = 0{,}3\,a - 2{,}6\,b$,

b) $0{,}278\,a + 0{,}876\,a + 0{,}354\,b - 1{,}234\,b = 1{,}154\,a - 0{,}880\,b$.

---

9 a) $\frac{3\,a^2\,x^2 + abx + 3\,b^2}{3\,a^3\,b^3}$,

b) $\frac{a^4}{a^3\,b^5\,c^7} + \frac{3\,b^7\,c^6}{a^3\,b^5\,c^7} + \frac{7\,a^4\,b\,c^8}{a^3\,b^5\,c^7} = \frac{a^4 + 3\,b^7\,c^6 + 7\,a^4\,b\,c^6}{a^3\,b^5\,c^7}$.

Programm M

M 1 $\frac{21}{22}$.

M 2 $a \cdot b = b \cdot a;\quad a, b \in \mathbb{Q}$.

$(ab)\,c = a\,(bc);\quad a, b, c \in \mathbb{Q}$.

M 3 $\frac{7 \cdot 2 \cdot 3}{5 \cdot 8} = \frac{42}{40} = \frac{21}{20}$.

M 4 $-\frac{3 \cdot 13 \cdot 3 \cdot 5}{5 \cdot 2 \cdot 3 \cdot 7} = -\frac{39}{14}$.

M 5 1.

M 6 $\frac{3}{2}, -2, \frac{1}{3}$.

M 7 $\frac{a}{b} \cdot \frac{d}{c} \cdot \frac{c}{d} = \frac{a}{b}$.

M 8 $\frac{a x^2 y^2 \cdot b z^2}{b z^3 \cdot a^2 x y^3} = \frac{x}{ayz}$.

M 9 $\frac{a^2}{b \cdot 2a} = \frac{a}{2b}$.

M 10 $-\frac{7}{3} \cdot \frac{8}{5} : \frac{41}{8} = \left(-\frac{7 \cdot 8}{3 \cdot 5}\right) : \frac{41}{8} = -\frac{7 \cdot 8 \cdot 8}{3 \cdot 5 \cdot 41} = -\frac{448}{615}$.

M 11 y.

Übungen zu Programm M

1 a) $\frac{8}{15}$, b) $\frac{2}{3}$, c) $\frac{r}{t}$.

2 a) $\frac{3 \cdot 11 \cdot a^2 \cdot 5 \cdot b^2 \cdot a \cdot b}{3 \cdot 4 \cdot b^2 \cdot a \cdot 11} = \frac{5 a^2 b}{4}$,

b) $\frac{9 x^2 y^2}{16 z^2}$, c) $\frac{x^2 y^2}{a}$,

d) $\frac{c x^3 y^7 \cdot z^3}{z^2 \cdot c x^2 y^8} = \frac{xz}{y}$.

3 a) $\frac{15}{7}$, b) $\frac{3}{28}$, c) $\frac{12}{35}$.

4 a) $\frac{2}{7}$, b) $\frac{2}{15}$, c) $\frac{56}{3}$.

5 a) $\frac{17}{3}\,a : 3 = \frac{17}{9}\,a = 1\frac{8}{9}\,a$; b) $2 : \frac{16}{5} = 2 \cdot \frac{5}{16} = \frac{5}{8}$;

c) $\frac{22}{5}\,xy \cdot \frac{5}{16} = \frac{11}{8}\,xy$.

---

6 a) $\frac{21}{40}$, b) $\frac{7}{12}$, c) $\frac{20}{3}$.

---

7 a) $\frac{5\,p \cdot 3\,q}{6\,q \cdot 10\,r} = \frac{p}{4\,r}$, b) $\frac{a \cdot b}{a^2} = \frac{b}{a}$, c) $\frac{a^2\,x}{c \cdot ax} = \frac{a}{c}$.

---

8 a) $\frac{4\,x^2\,y \cdot 27\,n^2\,v}{9\,n\,v^2 \cdot 8\,xy^2} = \frac{3\,xn}{2\,yv}$, b) $\frac{x \cdot a \cdot x}{a \cdot b \cdot b} = \frac{x^2}{b^2}$.

Programm N

N 1 $\frac{10}{3} \cdot 2 + \frac{16}{3} : 8 = \frac{20}{3} + \frac{2}{3} = \frac{22}{3} = 7\frac{1}{3}$.

N 2 $\frac{4\,a^2 \cdot 3}{a} + \frac{5\,a \cdot b}{2\,b \cdot 3} = 12\,a + \frac{5}{6}\,a = 12\frac{5}{6}\,a$.

N 3 $\frac{5\,abc \cdot d}{d \cdot a\,b^2\,c} = \frac{5}{b}$.

N 4 $1 - \frac{2}{3} \cdot \left(\frac{2}{21} - \frac{4}{21}\right) = 1 - \frac{2}{3}\left(-\frac{2}{21}\right) = 1 - \left(-\frac{4}{63}\right) = 1 + \frac{4}{63} = 1\frac{4}{63} = \frac{67}{63}$.

N 5 $\frac{15\,x^2}{4} \cdot \left(\frac{6}{10}\,ab - \frac{7}{10}\,ab\right) \cdot \frac{25}{ab} = \frac{15\,x^2}{4} \cdot \left(-\frac{ab}{10}\right) \cdot \frac{25}{ab} = -\frac{15\,x^2 \cdot ab \cdot 25}{4 \cdot 10 \cdot ab} =$

$-\frac{3\,x^2 \cdot 25}{4 \cdot 2} = -\frac{75}{8}\,x^2$.

N 6 $\left[\frac{3\,a}{c} \cdot ab - \frac{a^2\,b}{2\,c}\right] \cdot \frac{2}{a^2\,b^2} = \left[\frac{3\,a^2\,b}{c} - \frac{a^2\,b}{2\,c}\right] \cdot \frac{2}{a^2\,b^2} =$

$\left[\frac{6\,a^2\,b}{2\,c} - \frac{a^2\,b}{2\,c}\right] \cdot \frac{2}{a^2\,b^2} = \frac{5\,a^2\,b \cdot 2}{2\,c \cdot a^2\,b^2} = \frac{5}{bc}$.

N 7 $\frac{2}{3}\left(\frac{21+20}{35}\right)=\frac{82}{105}, \quad \frac{2}{3}\cdot\frac{3}{5}+\frac{2}{3}\cdot\frac{4}{7}=\frac{6}{15}+\frac{8}{21}=\frac{42+40}{105}=\frac{82}{105}.$

N 8 $\frac{b^2+bc}{a}\cdot\frac{a^2}{c}=\frac{(b^2+bc)\cdot a^2}{a\cdot c}=\frac{(b^2+bc)\cdot a}{c}=\frac{a\,b^2+abc}{c}.$

Übungen zu Programm N

1 a) $\frac{4\cdot 9\cdot 5}{3\cdot 7\cdot 14}=\frac{2\cdot 3\cdot 5}{7\cdot 7}=\frac{30}{49},$

b) $\frac{5\cdot 9\cdot 7}{9\cdot 2\cdot 3}=\frac{5\cdot 7}{2\cdot 3}=\frac{35}{6}=5\frac{5}{6},$

c) $\frac{7}{2}\cdot\frac{17}{3}:\frac{13}{6}=\frac{7\cdot 17\cdot 6}{2\cdot 3\cdot 13}=\frac{7\cdot 17}{13}=\frac{119}{13}=9\frac{2}{13},$

d) $\frac{1}{1}\cdot\frac{4}{3}\cdot\frac{11}{5}=\frac{44}{15}=2\frac{14}{15}.$

---

2 a) $\frac{a^2\cdot a^5\cdot c^3}{b\cdot b^2\,c\cdot a^7\,b}=\frac{a^7\cdot c^3}{a^7\cdot b^4\,c}=\frac{c^2}{b^4},$

b) $\frac{a\,x^2\,y\cdot a\,b^2\,z^2}{bz\cdot x}:\frac{a^2\,b^2\,z^4}{x^2\,y^2}=\frac{a^2\,xy\cdot bz\cdot x^2\,y^2}{a^2\,b^2\,z^4}=\frac{x^3\,y^3}{b\,z^3},$

c) $\frac{3\,ax\cdot 5\,b\cdot 3\,a^2\,b^2\cdot x^2\,y}{2\,b\cdot 6\,a^2\,x\cdot xy\cdot a^3\,b^3}=\frac{15\,x}{4\,a^2\,b}.$

---

3 a) $\frac{1}{3}+\frac{8\cdot 4}{3\cdot 5}=\frac{1}{3}+\frac{32}{15}=\frac{5}{15}+\frac{32}{15}=\frac{37}{15}=2\frac{7}{15},$

b) $\frac{2}{3}+\frac{5\cdot 2}{6}:\frac{5}{2}=\frac{2}{3}+\frac{5\cdot 2\cdot 2}{6\cdot 5}=\frac{2}{3}+\frac{2}{3}=\frac{4}{3}=1\frac{1}{3},$

c) $\frac{7}{2}\cdot\frac{7}{3}:\frac{11}{5}-\frac{8}{3}\cdot\frac{11}{2}=\frac{7\cdot 7\cdot 5}{2\cdot 3\cdot 11}-\frac{8\cdot 11}{3\cdot 2}=\frac{245}{66}-\frac{88}{6}=\frac{245}{66}-\frac{968}{66}=$

$-\frac{723}{66}=-\frac{241}{22}=-10\frac{21}{22}.$

---

4 a) $\frac{2\,a^2}{b^3\,c} - \frac{a^2}{b\cdot b^2\,c} = \frac{2\,a^2}{b^3\,c} - \frac{a^2}{b^3\,c} = \frac{a^2}{b^3\,c}$,

b) $\frac{a\,x^4\,y^2}{3\,b^2}\cdot\frac{6}{a\,b\,x^3} - \frac{2\,a^2\,x^4\cdot b^2}{3\,a} = \frac{2\,x\,y^2}{b^3} - \frac{2\,a\,b^2\,x^4}{3} =$

$\frac{6\,x\,y^2}{3\,b^3} - \frac{2\,a\,b^5\,x^4}{3\,b^3} = \frac{6\,x\,y^2 - 2\,a\,b^5\,x^4}{3\,b^3}$.

---

5 a) $\frac{x}{y} - \frac{x}{y}\cdot\frac{y}{x} + \frac{y}{x} - \frac{y}{x}\cdot\frac{x}{y} = \frac{x}{y} - 1 + \frac{y}{x} - 1 = \frac{x}{y} + \frac{y}{x} - 2$,

b) $\frac{2\,ab}{c\cdot a} + \frac{2\,ab}{c\cdot b} - \frac{a}{bc} = \frac{2\,b}{c} + \frac{2\,a}{c} - \frac{a}{bc} = \frac{2\,b^2 + 2\,a\,b - a}{bc}$.

---

6 a) $[a^2 + b^2 + a^2 - b^2]\cdot\frac{3}{ab} = \frac{2\,a^2\cdot 3}{ab} = \frac{6\,a}{b}$;

b) $\left[\frac{a^2\,x^2}{b} + \frac{a\,y^2}{a} + 1\right]\cdot\frac{x}{a\,b^2} = \frac{a\,x^3}{b^3} + \frac{x\,y^2}{a\,b^2} + \frac{x}{a\,b^2} =$

$\frac{a^2\,x^3}{a\,b^3} + \frac{bx\,y^2}{a\,b^3} + \frac{bx}{a\,b^3} = \frac{a^2\,x^3 + bx\,y^2 + bx}{a\,b^3}$.

Test III

Aufgabe I

600 $= 2^3 \cdot 3 \cdot 5^2$
760 $= 2^3 \cdot 5 \cdot 19$
180 $= 2^2 \cdot 3^2 \cdot 5$

---

ggT $= 2^2 \cdot 5 = 20$
kgV $= 2^3 \cdot 3^2 \cdot 5^2 \cdot 19 = 34200$.

Aufgabe J

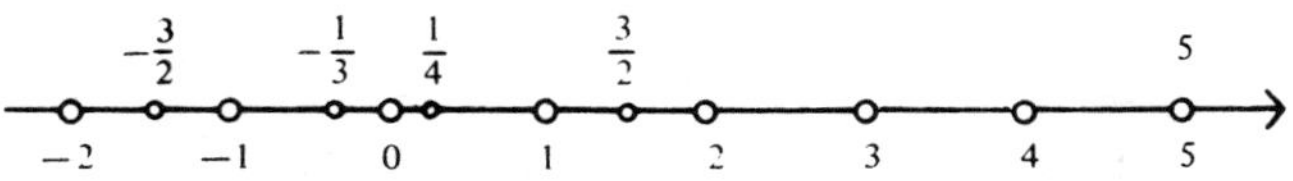

$5 > \frac{3}{2} > \frac{1}{4} > -\frac{1}{3} > -\frac{3}{2}$, $\quad 4 > \frac{2}{3} > \frac{1}{5} > -\frac{2}{3} > -3$.

Aufgabe K

$$\frac{3\,a\,b^4\,c^3}{c^5}, \frac{5\,a\,c^4}{c^5}, \frac{2\,a\,b^3}{c^5}, \frac{a\,c^5\,d^2}{c^5}.$$

Aufgabe L

$$\frac{2\,a\,x^2}{5\,b} + \frac{7\,a\,x^2}{2} - \frac{5\,ay}{b^2\,c} = \frac{4\,abc\,x^2 + 35\,a\,b^2\,c\,x^2 - 50\,ay}{10\,b^2\,c}.$$

Aufgabe M

$$\frac{a^3\,x^6\,y^6}{b^9} \cdot \frac{b^9}{a^2\,x^2\,y^2} \cdot \frac{5\,ay}{x} = 5\,a^2\,x^3\,y^5.$$

Aufgabe N

$$\frac{3\,ac}{b} - 3 + \frac{5\,b}{ac} - 5 - \frac{5\,b}{ac} = \frac{3\,ac}{b} - 8.$$

Programm O

O 1 $ad + ae + bd + be + cd + ce$.

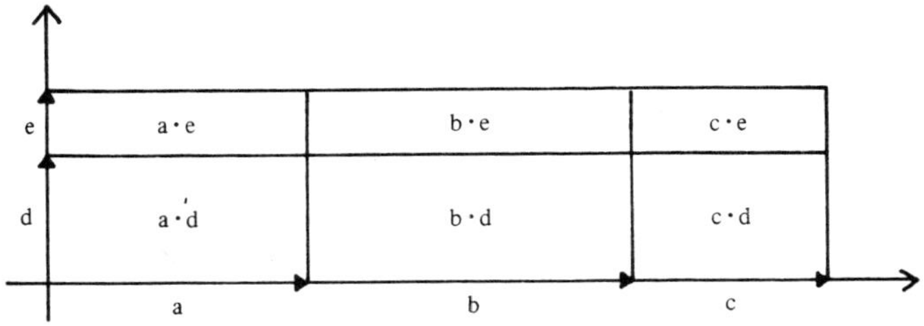

O 2 $ac - ad - bc + bd$, $(5-2)\cdot(8-10) = 3\cdot(-2) = -6$,
$5\cdot 8 - 5\cdot 10 - 2\cdot 8 + 2\cdot 10 = 40 - 50 - 16 + 20 = -6$.

O 3 $12\,a^2 + 2\,a - \frac{3}{2}\,ab - \frac{b}{4}$.

O 4 $a^2\,b - 3\,ab - 2\,ac + 4\,a\,b^2 - 12\,b^2 - 11\,bc + abc - 2\,c^2$.

O 5 $a^2 - 2\,ab + b^2$.

O 6 $25\,a^2\,x^2 + 20\,abx + 4\,b^2$.

O 7 $1 - ab + \dfrac{a^2\,b^2}{4}$.

O 8 $a^2 + 2\,ab + b^2 = (a + b)^2$.

O 9 a) $(100 - 1) \cdot (100 + 1) = 10000 - 1 = 9999$,
b) $(50 + 3) \cdot (50 - 3) = 2500 - 9 = 2491$.

O 10 $4\,a^2\,x^2 - \frac{9}{16}\,b^2\,z^2$.

O 11 a) $a^2 + b^2 + c^2 + 2\,ab - 2\,ac - 2\,bc$,
b) $a^2 + b^2 + c^2 - 2\,ab - 2\,ac + 2\,bc$.

Übungen zu Programm O

1 a) $6\,a^2 + 26\,ab + 24\,b^2$, b) $8\,a^2 - 12\,ab - 8\,b^2$,
c) $2\,a^2 - 2\,b^2$, d) $3\,a^2 - \frac{7}{2}\,ab - \frac{3}{2}\,b^2$.

---

2 a) $ad + ae + bd + be - cd - ce$,
b) $6\,a^2 - 4\,ab - 2\,b^2 + 4\,ac - 4\,bc$,
c) $x^2 - 2\,xz - y^2 + z^2$.
d) $2{,}1\,x^2 - 1{,}05\,xy + 2{,}73\,x + 3{,}5\,xy - 1{,}75\,y^2 + 4{,}55\,y =$
$2{,}1\,x^2 + 2{,}45\,xy + 2{,}73\,x - 1{,}75\,y^2 + 4{,}55\,y$.

---

3 a) $3\,a^2 - ab - 2\,b^2 + 2\,a^2 + 5\,ab + 3\,b^2 = 5\,a^2 + 4\,ab + b^2$,
b) $4\,a^2 - 3\,ab - b^2 - ac + bc + 2\,a^2 + ab + 2\,ac + bc =$
$6\,a^2 - 2\,ab - b^2 + ac + 2\,bc$.

---

4 a) $4\,x^2 + 4\,x + 1$, b) $4\,x^2 + 4\,xy + y^2$,
c) $4\,x^2 - 12\,xy + 9\,y^2$, d) $\dfrac{x^2}{4} - x + 1$.

---

5 a) $x^2 - a^2$, b) $4x^2 - 16y^2$, c) $x^2 - y^2$.

6 a) $x^3 + \frac{3}{2}x^2 + \frac{2}{3}x^5 + x^4$, b) $2 - \frac{x}{2} - \frac{x^2}{4}$,

c) $(\frac{7}{2}x - y)(5x + \frac{3}{2}y) = \frac{35}{2}x^2 + \frac{21}{4}xy - 5xy - \frac{3}{2}y^2 =$

$\frac{35}{2}x^2 + \frac{1}{4}xy - \frac{3}{2}y^2$.

7

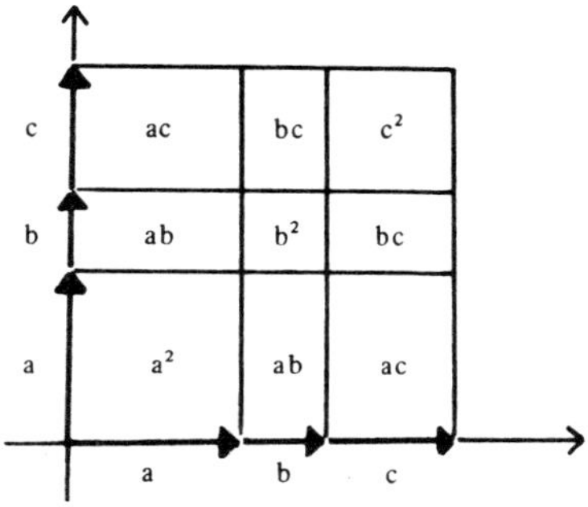

8 a) $4x^2 + y^2 + 1 + 4xy + 4x + 2y$,

b) $x^2 + y^2 + z^2 - 2xy - 2xz + 2yz$,

c) $x^2 + 4y^2 + 9z^2 - 4xy + 6xz - 12yz$.

9 a) $x^4y^6 - 2a^3bx^2y^3 + a^6b^2$,

b) $ax^2(a^6x^2 + 2a^3b^2x^3 + b^4x^4) =$

$a^7x^4 + 2a^4b^2x^5 + ab^4x^6$,

c) $x^{12} - 4y^8$.

Programm P

P 1 $y(4x + 5y) = 4xy + 5y^2$.

P 2 $3ab(a + 2b - 3ab)$.

P 3 $a\left(b - 1 + \frac{c}{2}\right)$.

P 4 $3(x+2z)+a(x+2z)=(x+2z)(3+a)$.

P 5 $p(2a-3b)-3q(2a-3b)=(2a-3b)(p-3q)$.

P 6 $3xy+6x^2y^2+5a^2b+10a^2bxy=$
$3xy(1+2xy)+5a^2b(1+2xy)=(1+2xy)(3xy+5a^2b)$.

P 7 a) nicht als Produkt darstellbar,
b) $3x(a+2b)+4z(a+2b)=(a+2b)(3x+4z)$,
c) $5x(y+2z)+8y(y+2z)+3z(y+2z)=$
$(y+2z)(5x+8y+3z)$.

P 8 $\left(4ax+\frac{by}{5}\right)\left(4ax-\frac{by}{5}\right)$.

P 9 $(2x+5y)^2$.

P 10 $(ax-1)^2$.

P 11 a) kein vollständiges Quadrat, b) $(x-y)^2$,
c) kein vollständiges Quadrat.

P 12 a) $2x(x^2-6xy+9y^2)=2x(x-3y)^2$,
b) $4xy(x+2y+y^2)$, also kein vollständiges Quadrat.

Übungen zu Programm P

1 a) $xy(y-x)$, b) $2ab(2+a+3b)$, c) $(x+y)(x-y)$,
d) $4(a-b)(2-a)$.

---

2 a) $a^2(1+b)$, b) $(1+x)(1+a)$, c) $\left(1-\frac{x}{3}\right)(1+a)$.

---

3 a) $3(2a+3b)+2a(2a+3b)=(2a+3b)(3+2a)$,
b) $2a(2x-y)+4b(2x-y)=(2x-y)(2a+4b)$,
c) $a(x+y)-b(x+y)+c(x+y)=(x+y)(a-b+c)$.

---

4 a) $ac + 3\,ad - 6\,bd - 2\,bc = a(c + 3\,d) - 2\,b(3\,d + c) =$
$(c + 3\,d)(a - 2\,b)$,

b) $\frac{x}{5} - \frac{ax}{5} + 2\,y - 2\,ay = \frac{x}{5}(1 - a) + 2\,y(1 - a) = (1 - a)\left(\frac{x}{5} + 2\,y\right)$.

---

5 a) $a^3\,bxz - a^2\,cyz - 2\,a\,b^2\,x + 2\,bcy =$
$a^2\,z(abx - cy) - 2\,b(abx - cy) = (abx - cy)(a^2\,z - 2\,b)$,

b) keine Produktdarstellung.

---

6 a) $(x - 2\,y)(x + 2\,y)$, b) $(a^2\,x + bz)(a^2\,x - bz)$,

c) $(2\,abx + 3\,c^2\,z^3)(2\,abx - 3\,c^2\,z^3)$,

d) $(x + y + z)(x + y - z)$, e) $\left(\frac{x}{2} + \frac{yz}{3}\right)\left(\frac{x}{2} - \frac{yz}{3}\right)$.

---

7 a) $(a - 3\,b)^2$, b) $(xy - 5\,z)^2$, c) $(x + 3)^2$,

d) $(4\,x + 5\,y)^2$, e) $\left(\frac{x}{3} - y^2\right)^2$.

---

8 a) kein vollständiges Quadrat. b) kein vollständiges Quadrat,

c) $(4\,x + 9\,a)^2$, d) kein vollständiges Quadrat.

---

9 a) $b(a^2 - 4\,ab + 4\,b^2) = b(a - 2\,b)^2$,

b) $2\,x(4\,x^2 - 12\,xy + 9\,y^2) = 2\,x(2\,x - 3\,y)^2$,

c) $2\,ax(4\,a^2\,x^2 - 9\,b^2\,y^2) = 2\,ax(2\,ax + 3\,by)(2\,ax - 3\,by)$,

d) $\frac{1}{2}\left(\frac{x}{3} + \frac{y}{2}\right)^2$.

Test IV

Aufgabe O

$3\,x^2 + 13\,xy - 10\,y^2 - 4\,x^2 - 4\,xy - y^2 + x^2 - 4\,y^2 =$
$9\,xy - 15\,y^2$.

Aufgabe P

a) $4\,z(x - 2\,z)^2$, b) $(2\,z - 5) \cdot (x + 3\,p)$.

Programm Q

Q 1 a) $5 > 3$; b) $-5 < 6$; c) $-3{,}2 < -1{,}4$.

Q 2 $-8 < -3 < 2$.

Q 3

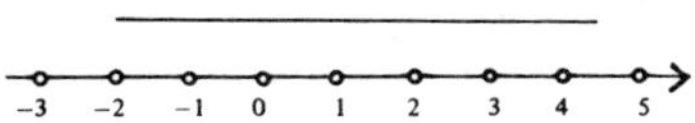

Q 4 $\{x \mid -3 \leqslant x \leqslant 7\}$.

Q 5

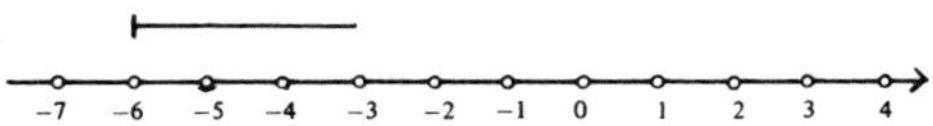

-6 gehört zur Menge.

Q 6

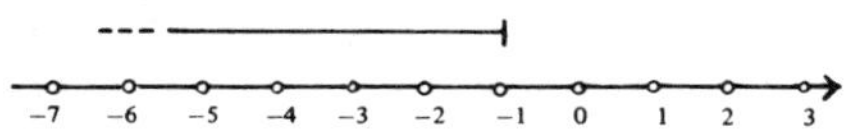

Q 7

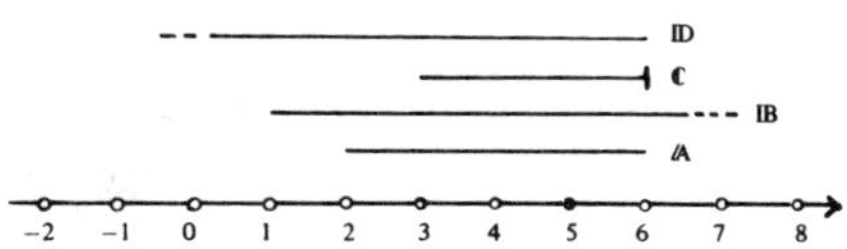

$\mathbb{A} \subseteqq \mathbb{B}$, $\mathbb{C} \subseteqq \mathbb{B}$, $\mathbb{A} \subseteqq \mathbb{D}$.

Q 8 $\mathbb{B} \subseteqq \mathbb{A}$,
$\mathbb{C} \subseteqq \mathbb{A}$.

Übungen zu Programm Q

1 Nur c) ist richtig.

2 Nur a) ist wahr.

3 a) $\{x \mid -2 < x < 2\}$, b) $\{x \mid 20 < x \leqslant 30\}$,
c) $\{x \mid x \geqslant 920\}$.

4

a) 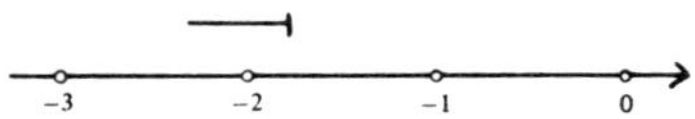

b) 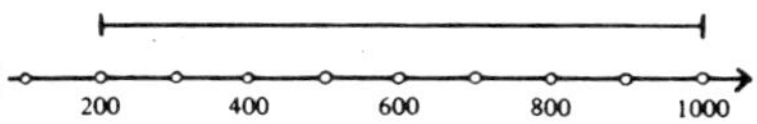

c) 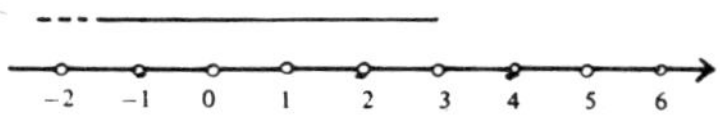

5

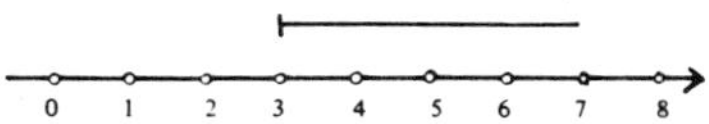

Nein; denn 3 kommt in $\{x \mid 3 < x\}$ nicht vor.

Programm R

R 1 $x = -1$: $2 \cdot (-1)^2 - (-1) = 3$; $2 + 1 = 3$ wahr,
$x = 0$: falsch,
$x = 1$: falsch,
$x = 1{,}5$: wahr.

R 2 0; 1; 2.

R 3 $\mathbb{L} = \{2\}$.

R 4 $x - 3 = 1$; $x - 3 + 3 = 1 + 3$; $x = 4$.

R 5 Ja.

R 6 $5 - 5 + x < 1 - 5$; $x < -4$.

R 7 $a > b \Leftrightarrow a + c > b + c$.

R 8 $\mathbb{L} = \{x \mid x > 3\}$.

R 9 $14 - 14 - x \leqslant 18 - 14 - 2x$; $-x \leqslant 4 - 2x$; $x \leqslant 4$;
$\mathbb{L} = \{x \mid x \leqslant 4\}$.

R 10 $7-3x+8=5-x-x$; $15-3x=5-2x$; $10=x$;
$x=10$; $\mathbb{L}=\{10\}$.

R 11 $4x-3x+7<3-3+2x$; $x+7<2x$; $7<x$; $x>7$;
$\mathbb{L}=\{x \mid x>7\}$.

Übungen zu Programm R

1 a) 2, 3 und 4; b) 1 und 2; c) keine.

---

2 $-8<-5<-3<1$. Die Kette stimmt.

---

3 a) $\mathbb{L}=\{11\}$, b) $\mathbb{L}=\{x \mid x>-8\}$, c) $\mathbb{L}=\{8\}$,
d) $\mathbb{L}=\{x \mid x \leqslant 2\}$.

---

4 a) $\mathbb{L}=\{0\}$, b) $\mathbb{L}=\{-17\}$, c) $\mathbb{L}=\{x \mid x>-14\}$,
d) $\mathbb{L}=\{x \mid x \geqslant 1{,}2\}$.

---

5 a) $5(x-2)+3>4x-3 \Leftrightarrow 5x-10+3>4x-3 \Leftrightarrow x>4$,
nicht äquivalent zu $3<x$.
b) Beide Aussageformen sind äquivalent mit $\mathbb{L}=\{13\}$.

Programm S

S 1 $\mathbb{L}=\left\{-\frac{1}{12}\right\}$.

S 2 $\mathbb{L}=\{6\}$.

S 3 $\mathbb{L}=\{2{,}5\}$.

S 4 $8x^2-6x-10+x^2=9x^2-4$; $-6x=6$; $\mathbb{L}=\{-1\}$.

S 5

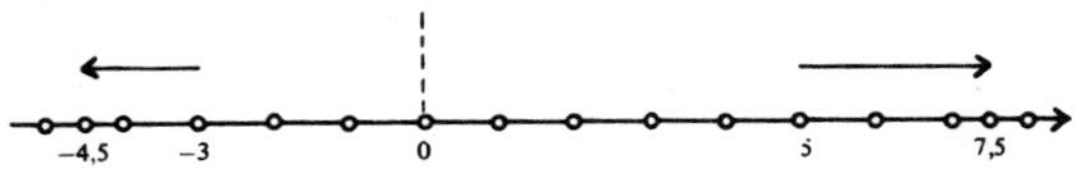

S 6 $\mathbb{L} = \left\{x \mid x < \frac{5}{2}\right\}$.

Für -2; 0; 2 ist die Ungleichung erfüllt. Für 4 ergibt sich die falsche Aussage $6 \cdot 4 < 15$.

S 7 $-x < 4 \Leftrightarrow x > -4$, also $\mathbb{L} = \{x \mid x > -4\}$.

S 8 $7{,}5 > 3 > 0 > -4{,}5 > -9$.

S 9 $\mathbb{L} = \left\{x \mid x \leqslant \frac{8}{5}\right\}$.

S 10 Ja; denn $a \cdot 0 \leqslant b \cdot 0$ ist wahr. Eine Äquivalenzumformung liegt jedoch nicht vor; denn aus $0 \leqslant 0$ folgt nicht $a \leqslant b$.

S 11 $a - b < 0$. Für $c < 0$: $(a - b)\,c > 0$, $ac > bc$.
Also $a < b \Leftrightarrow ac > bc$ für $c < 0$.

S 12 $HN = 45$; $20x + 12 > 90 - 45x$; $\mathbb{L} = \left\{x \mid x > \frac{6}{5}\right\}$.

S 13 $HN = 24$; $6x + 4 - 9 + 12x - 1 = 0$; $\mathbb{L} = \left\{\frac{1}{3}\right\}$.

S 14 $HN = 84$; $3x - (2x - 3) \cdot 6 < 5 \cdot 2 + (1 - x) \cdot 4$
$\mathbb{L} = \left\{x \mid x > \frac{4}{5}\right\}$.
0 erfüllt die Ungleichung nicht.

Übungen zu Programm S

1 a) $-10 < -4 < 0 < 8 < 14$; b) $15 > 6 > 0 > -12 > -21$.

---

2 a) $\mathbb{L} = \left\{\frac{5}{2}\right\}$, b) $\mathbb{L} = \left\{x \mid x > \frac{5}{3}\right\}$, c) $\mathbb{L} = \left\{x \mid x < \frac{13}{2}\right\}$,
d) $\mathbb{L} = \{x \mid x > 2\}$.

---

3 a) $\mathbb{L} = \left\{\frac{3}{5}\right\}$, b) $\mathbb{L} = \{x \mid x > 9{,}5\}$,

c) $4 - [2x - 1] > 2x + 7 \Leftrightarrow -2 > 4x$; $\mathbb{L} = \left\{x \mid x < -\frac{1}{2}\right\}$,

d) $\mathbb{L} = \{x \mid x \geqslant 4\}$,

e) $x + x^2 - 5x = 9 - x + 1 - 2x + x^2 \Leftrightarrow -4x = 10 - 3x$,
$\mathbb{L} = \{-10\}$.

---

4 $3x^2 - 2x(3 - x) > 5(x^2 - 2x + 6) \Leftrightarrow 5x^2 - 6x > 5x^2 - 10x + 30$
$\Leftrightarrow 4x > 30 \Leftrightarrow x > \frac{15}{2}$; $4x + 3 < 6x - 4 \Leftrightarrow 7 < 2x \Leftrightarrow x > \frac{7}{2}$.
Die Aussageformen sind also nicht äquivalent.

---

5 Ja, denn $0 \leqslant 0$.

---

6 a) $\mathbb{L} = \{3\}$, b) $\mathbb{L} = \left\{y \mid y > -\frac{12}{5}\right\}$, c) $\mathbb{L} = \left\{\frac{9}{2}\right\}$.

---

7 a) HN = 12; $\mathbb{L} = \{x \mid x \geqslant 1\}$; b) HN = 60; $\mathbb{L} = \{3{,}2\}$;
c) HN = 60; $\mathbb{L} = \{4\}$; d) HN = 42; $\mathbb{L} = \{x \mid x > -6\}$;
e) HN = 180; $\mathbb{L} = \{2\}$; f) HN = 30; $\mathbb{L} = \{\frac{95}{21}\}$.

Programm T

T 1 $a = 0 : x = 0$; $a = 1 : x = 2$; $a = -2 : x = -4$.

T 2 $3{,}5x = 6{,}3 - 2{,}1a$; $x = 1{,}8 - 0{,}6a$.
Für $a = 2{,}7 : x = -0{,}18$,
für $a = -3{,}5 : x = 3{,}9$,
für $a = -5{,}2 : x = 4{,}92$.

T 3 $3x + 2a = 1$; $x = \frac{1 - 2a}{3}$.

T 4 $5x > 9 - a$; $x > \frac{9 - a}{5}$.

T 5 a) $x = 12$; b) $x = 0$.

T 6 $3x > 1 - a - 2b - 3c$,

$$x > \frac{1 - a - 2b - 3c}{3}.$$

T 7 $2x + 2a^2 + 3x + 3b^2 + 4x + 4c^2 = 0$,

$9x = -2a^2 - 3b^2 - 4c^2$,

$$x = \frac{-2a^2 - 3b^2 - 4c^2}{9}.$$

Übungen zu Programm T

1 a) $3x = 0$, b) $4x = -1$, c) $-2x = 5$.

---

2 a) $5x - 2a = 2x + 2a$, $3x = 4a$, $x = \frac{4}{3}a$.

b) $2x - 4a = a + 4$; $2x = 5a + 4$; $x = \frac{5a + 4}{2}$.

---

3 $x^2 - bx = x^2 + ax$, $(-b + a)x = 0$, $x \in \mathbb{Q}$.

a) $x = 0$; b) Lösungen sind alle $x \in \mathbb{Q}$.

---

4 a) $ax - 2{,}5a \leqslant 5x + 2a + ax$; $-5x \leqslant 4{,}5a$; $x \geqslant -0{,}9a$.

b) $ax - ab > ax + x$; $x < -ab$.

c) $3{,}5a + 7x \neq 4{,}5a + 3x$;

$4x \neq a$;

$$x \neq \frac{a}{4}.$$

Programm U

U 1 $7x - 26 = 3(x - 2)$; $x = 5$.

U 2 Die kleinere Ziffer sei x, dann ist die größere $2x$.

1. Möglichkeit: x ist die Zehnerziffer.

$$x \cdot 10 + 2x = 2x \cdot 10 + x + 36,$$
$$-36 = 9x,$$
$$x = -4.$$

Diese Lösung ist unbrauchbar, da eine Ziffer nicht negativ sein kann.

2. Möglichkeit: x ist die Einerziffer.

$$2x \cdot 10 + x = x \cdot 10 + 2x + 36,$$
$$x = 4.$$

Die Zahl war 84.

U 3 $4\left(\frac{x}{1{,}5} - 10\right) = x - 10; \quad x = 18.$

U 4 x = Anteil der ersten Person, $x + 1{,}5\,x + x + 25 = 760;$
$x = 210$ DM. Die Anteile der anderen Personen betragen 315 DM und 235 DM.

U 5

	Geschwindigkeit in km/h	Fahrzeit in h	Weg in km
A	16	x	16 x
B	18	x – 2	18 (x – 2)

$16x + 18(x - 2) = 100; \quad x = 4$

Sie treffen sich um 12 Uhr 64 km vom Startplatz von A entfernt.

U 6 $2x + 2(x - 3) = 20; \quad x = 6{,}5$. Die Seiten sind 6,5 und 3,5 cm lang.

U 7 $\left(\frac{1}{4} + \frac{1}{6}\right)x = 1; \quad \frac{5}{12}x = 1; \quad x = \frac{12}{5} = 2{,}4.$

Die Füllung dauert 2,4 Stunden = 2 Stunden 24 Minuten.

U 8

	Müller	Maier
vorher	x	x + 2400
nachher	x/2	x + 2400 + x/2

$$5 \cdot \frac{x}{2} = \frac{3}{2}x + 2400,$$
$$5x = 3x + 4800,$$
$$x = 2400.$$

Herr Müller hatte zunächst 2400 DM, Herr Maier 4800 DM auf seinem Konto.

U 9 $x^2 - (x+1)(x-1) > 0,$

$x^2 - (x^2 - 1) > 0,$

$x^2 - x^2 + 1 > 0,$

$1 > 0.$

Die Ungleichung ist stets erfüllt.

Übungen zu Programm U

1 $x + (x+1) + (x+2) = 41\,; \quad x = \frac{38}{3}.$

Die Aufgabe hat mit natürlichen Zahlen keine Lösung.

---

2 $x^2 - (x-6)^2 = 168\,; \quad x = 17.$

Die gesuchten Zahlen sind 17 und 11.

---

3 $(2x - 13) + x + \left(\frac{x}{2} + 8\right) = 79\,; \quad x = 24$

Die Seiten sind 35 cm, 24 cm und 20 cm lang.

---

4 $1{,}5\,x + x + 1{,}5\,x - 60 = 900\,; \quad x = 240$

A, B und C erhalten 360 DM, 240 DM und 300 DM.

---

5 Ist der Anteil von Hans x DM, dann hat Karl 2 x DM und Fritz so viel wie Hans und Karl zusammen, also 3 x DM erhalten.

$3x = 2x + 20,$

$x = 20.$

Der Gesamterlös war also 120 DM.

---

6 $x - \frac{2}{5}x - \frac{1}{3}\left(x - \frac{2}{5}x\right) = 8\,; \quad x = 20.$ Das Kabel war 20 m lang.

---

7 $x(x+7) = x^2 + 217$; $x = 31$. Die Seite ist 31 cm lang.

---

8 Die unbekannte Seite des ursprünglichen Rechtecks sei x.

$$18x = 20(x-4) + 32,$$
$$x = 24.$$

Das ursprüngliche Rechteck hatte die Seiten 18 cm und 24 cm.

9

	Geschwindigkeit in km/h	Zeit in h	Weg in km
A	x	2,5	2,5 x
B	x – 2	2,5	2,5 (x – 2)

$2{,}5x + 2{,}5(x-2) = 85$; $x = 18$.
A fuhr mit einer Geschwindigkeit von 18 km/h.

---

10 $\frac{2}{3}x + 1 \cdot (x - 40) = 860$; $x = 540$.

Das Flugzeug flog während der ersten 40 Minuten mit 540 km/h.

Test V

Aufgabe Q

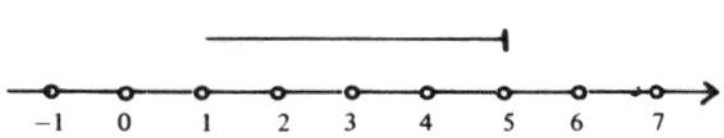

Aufgabe R

$\mathbb{L} = \{x \mid x \leqslant -6\}$.

Aufgabe S

$\mathbb{L} = \{x \mid x \geqslant \frac{3}{2}\}$.

Aufgabe T

$$ax - 2a + 5x \geqslant ax + 7x + b;$$
$$-2x \geqslant 2a + b;$$
$$x \leqslant -a - \frac{b}{2}, \quad \text{für } a = 2 \text{ und } b = 1\text{: } x \leqslant -2{,}5.$$

Aufgabe U

$(x-4) \cdot (2x + 10) = 2x \cdot x$; $x = 20$.
Die Seiten des ursprünglichen Rechtecks sind 20 cm und 40 cm.